Python 预训练
视觉和大语言模型

[美] 艾米丽·韦伯(Emily Webber)　著

郭　涛　　　　　　　　译

清華大学出版社

北　京

北京市版权局著作权合同登记号 图字：01-2023-4880

图书在版编目(CIP)数据

Python 预训练视觉和大语言模型 / (美) 艾米丽·韦伯
(Emily Webber) 著；郭涛译. -- 北京 : 清华大学出版社,
2025. 1. -- ISBN 978-7-302-67831-1

Ⅰ. TP312.8；TP391

中国国家版本馆 CIP 数据核字第 2024ZX0182 号

责任编辑：王　军
封面设计：高娟妮
版式设计：恒复文化
责任校对：成凤进
责任印制：刘　菲

出版发行：清华大学出版社
　　　　　网　　　址：https://www.tup.com.cn，https://www.wqxuetang.com
　　　　　地　　　址：北京清华大学学研大厦 A 座　　　邮　　编：100084
　　　　　社 总 机：010-83470000　　　　　　　　　邮　　购：010-62786544
　　　　　投稿与读者服务：010-62776969，c-service@tup.tsinghua.edu.cn
　　　　　质 量 反 馈：010-62772015，zhiliang@tup.tsinghua.edu.cn
印 装 者：小森印刷霸州有限公司
经　　销：全国新华书店
开　　本：148mm×210mm　　　印　张：8.125　　　字　数：265 千字
版　　次：2025 年 1 月第 1 版　　　印　次：2025 年 1 月第 1 次印刷
定　　价：59.80 元

产品编号：104119-01

中文版推荐序一

非常兴奋地看到一位熟悉的同事的著作被译成中文！很少有新技术能像生成式 AI 一样风靡全球，我们正见证全新 AI 能力加速改变人们与技术的互动方式。

AI 的真正价值不应是下棋娱乐，而在于应用于现实，凭借创新改善生活！翻开本书，你不仅是在阅读一本关于 AI 的理论书籍，更是在开启一段理论结合实践的 AI 探索之旅。我的团队和本书作者 Emily 在亚马逊担任同样的工作角色，承担着同样的使命和任务，即肩并肩地帮助客户用 AI 技术实现业务的重塑。技术专家背景赋予了 Emily 丰富的 AI 实战经验，她主要支持美国客户，并见证了无数个令人惊叹的项目和创新案例。

在本书中，你将基于理论基础，读到许多真实案例、最佳实践和示例代码。每个章节都凝聚了作者源于工作的宝贵实战经验。从中你将学到如何通过最流行的开发工具，如 Python、Amazon SageMaker 以及容器等技术，将 AI 理论应用于实践，为将 AI 创新无缝融入各行各业打好基础。无论你是科技爱好者、创业创新者，还是对 AI 抱有浓厚兴趣的普通读者，本书都会为你提供深刻的启发和实用的指导。

云计算一直扮演着为广大构建者降低技术门槛的角色。通过开箱即用的云服务结合本书中的示例代码，你将能以最小的投入快速部署和体验生成式 AI 模型的构建、定制、性能优化等，体验 MLOps 等。相信这样的内容将帮助你最有效地理解生成式模型的相关原理。尽管生成式 AI 领域模型的能力不断进步，但书中传授的 Transformer、量化、分布式训练、微调等技术，仍然是必备的不变技能。

记得有团队的小伙伴，通过和作者共同合作的案例取得的优异成果，获得了职位晋升。想到本书的部分内容就来自这样的跨国合作经验，我迫不及待地想向各位读者推荐阅读本书！Emily 不仅是一位技术专家，更是一个充满使命感的实践者。她总能将复杂的技术概念讲得通俗易懂，比如她发布的 YouTube 上的 AI 教学视频帮助每个人都能迅速上手并开展自己的项目。本书正是她工作经验的又一智慧结晶，相信会成为你在 AI 与业务创新道路上的得力助手。希望本书能为你带来无尽的启发和乐趣！

祝阅读愉快！

王晓野
亚马逊云科技大中华区产品技术专家总监

中文版推荐序二

在汹涌澎湃的 AI 大潮中，预训练模型——特别是视觉与大语言模型，已成为推动技术进步与创新的强大引擎。这些模型不但在学术界激起了巨大波澜，更在工业界获得了广泛应用。《Python 预训练视觉和大语言模型》一书，恰是为了迎合 AI 领域日益旺盛的学习需求应运而生。

我有幸先睹为快，通读了本书的全文，深受其中内容的触动。作者 Emily Webber 作为 AWS 的首席机器学习专家解决方案架构师，其丰富的经验以及深厚的知识在本书的每一页上都淋漓尽致地展现出来，深入浅出的语言和实际案例，让繁杂的预训练模型技术变得容易理解且便于应用。

译者郭涛凭借其在 AI 领域的深厚底蕴，让本书的中文版更贴合中国读者的需求。他不但精准传递了原著中的技术精髓，更融入了契合国内读者的实例与阐释，令本书成为中文读者学习与应用预训练模型的珍贵财富。

本书详述基础模型的理论，分析数据集的筹备，聚焦模型的训练、评估及部署等各个环节。每一章皆配有紧贴实际的示例代码与操作步骤，令读者能够迅速上手，把理论知识转化为实践技能。尤其是在 AWS 平台上的实践指引，给读者铺设了一条完整的端到端的学习路径。

我格外赞赏书中对 MLOps(机器学习运维)的探讨，这一领域虽常被忽略，却至关重要。作者不但从技术层面剖析模型，更着眼于模型在生产环境中的持续集成、部署及监控，对所有期望将模型付诸实践的读者而言，这无疑是无比珍贵的。

　　总体而言，这部著作堪称预训练模型领域的权威宝典，无论对新手还是资深专家，皆能施以莫大的帮助。我竭诚向所有对人工智能、机器学习，尤其是预训练模型抱有浓厚兴趣的读者推荐此书。它不但能够拓展你的知识范畴，更能助力你在实际工作中斩获成功。

余知权

AIFun 联合创始人，亚马逊云科技用户组 UG Leader

译 者 序

　　大语言模型是一种由包含数百亿甚至更多参数的深度神经网络构建的语言模型，通常使用自监督学习方法通过大量无标签文本进行训练，是深度学习之后的又一大人工智能技术革命。大语言模型的发展主要经历了基础模型阶段(2018 年到 2021 年)、能力探索阶段(2019 年到 2022 年)和突破发展阶段(以 2022 年 11 月 OpenAI 发布 ChatGPT 为起点)。其中，在基础发展阶段主要发布了一系列大语言模型(BERT、GPT、PaLM 等)，这个时期的特点是模型参数在几十亿到几百亿左右，主要通过微调方式满足业务场景。在能力探索阶段，大语言模型很难针对特定任务进行微调，出现了指令微调，将各种类型任务统一为生成式自然语言理解框架，使用构造的语料库对模型进行微调。在突破发展阶段，出现具备问题回答、文稿撰写、代码生成等能力的基础模型。这个阶段的另一个主题特色是具备了多模型理解能力，参数达到千万亿。值得一提的是，大语言模型快速发展促生了新的微调范式，如预训练微调、提示学习方法、模型即服务范式、指令微调等。

　　到目前为止，全世界已经有数千个大语言模型，在各个行业纵深应用；需要训练的参数已高达数千亿，在云计算或者超级计算中心训练一次通常需要数千颗 GPU/TPU 耗费几个月甚至更长的时间，电费动辄高达几百万美金。高昂的时间、费用让中小企业望而却步，也使大语言模型成为大互联网公司和有实力的政府科研机构的专属地。

　　然而，随着预训练、微调范式的出现，此局面已经大为改观，中小企业乃至个人都可以在公开的大语言模型基础上进行预训练，形成自己的定制款大语言模型。曾经遥不可及的"奢侈品"已经走入了寻常百姓家，大语言模型一度成为全世界讨论的热门话题，它的出现改变了很多人和事，从某种意义上加速了大语言模型的发展。

要"炼"成大语言模型主要有 3 个条件。第一是制作标准的数据集，这是最费时间和精力的事情，可能需要数千个标注人员花费几个月甚至更长时间，此外，还需要形成一套标准的数据处理流程或者管道。第二，需要性能、训练准确且鲁棒的大语言模型框架；大语言模型不是某种技术，而是一系列前沿技术的集成，可能涉及深度学习、概率机器学习、强化学习、集成学习和知识图谱等技术。第三，需要强大的硬件资源支撑，有了标准数据集或知识库，也要有强大框架技术，在资源加持下，通过持续数月的调参、优化，才能训练出一个大语言模型。将训练好的模型部署好，向第三方提供 API 接口，才最终实现了大语言模型的场景应用。

大语言模型训练范式是怎么回事？为什么会出现这些范式？由于大语言模型参数量庞大，针对不同任务都进行微调需要消耗大量的计算资源，因此大语言模型从预训练微调时代，进入提示范式、模型即服务范式、指令微调范式时代。此外并不是每个团队都有资源、技术和时间训练大语言模型。在预训练大语言模型基础上，通过收集自己领域的数据集，借助已经训练好的大语言模型，学习自己领域的知识，形成特定场景的大语言模型。换句话说，大语言模型通过训练数千亿的参数和海量数据集来学习通用知识，预训练则是通过采集专业领域知识，在通用知识的基础上学习专业知识。这样预训练的模型就能更加适应特定场景和问题。

除此之外，通过采集不同的数据格式和使用场景，在大语言模型基础上衍生出多模态、多智能体等技术和场景，可以用文字生成图、音频、视频，图、音频、视频，也可以反过来生成文字。同时可对海量数据和信息实现知识推理，从而解决各种复杂问题。

本书是一本"奢侈品"普及使用指南，主要讨论大语言模型基础，准备数据集，训练与评估大语言模型，部署大语言模型，以及形成 MLOps；也是一本大语言模型实践著作，面向计算机科学与工程、软件工程、人工智能专业的高年级本科生，也面向就职于企业且对大语言模型感兴趣的工程师和科学家。

　　感谢李静老师、刘晓骏博士参与了本书审核和校对工作。此外，感谢清华大学出版社的编辑、校对和排版工作人员，感谢他们为了保证本书质量所做出的一切。

　　由于本书涉及内容广泛、思考深刻，加上译者翻译水平有限，书中难免存有不足之处，恳请各位读者不吝指正。

推　荐　序

欢迎来到机器学习和基础模型的奇妙世界！很少有一项新技术像这些模型一样风靡全球。这些非凡的创造彻底改变了人们与技术的互动方式，并为创新和发现开辟了前所未有的机会。

在本书中，Emily 将用清晰的笔触娓娓讲述对此主题的真挚、炽热之情，并诚邀你一同踏上这段奇妙之旅。无论你是第一次使用这些迷人的工具还是从实际应用的全新视角看，本书都堪称"良师益友"。

机器学习(ML)领域可能会令人望而生畏，毕竟它有着复杂的算法、复杂的数学公式和术语。然而，Emily 巧妙地驾驭了这一错综复杂的问题，将基本原理用一种通俗易懂的语言呈现出来。Emily 的写作风格不仅能带你领略"如何做"，还能带你悟透"为什么"。书中一众清洌可鉴的例子，以及 Amazon SageMaker 提供的实用至极的平台基础，让你完全有能力跟上节奏、边做边学。数据集准备、预训练、微调、部署、偏差检测和机器学习操作等诸多领域，皆包含在这本小而全且值得深入阅读的书中。

最终，本书见证了 Emily 分享知识和赋能他人的热情。当阅读到最后一页时，大型语言模型的坚实基础将在你胸中落成，你将信心满满地开始令人兴奋的实验和项目。

话不多说，让我们开始这段穿越大型语言模型世界的迷人旅程吧。加入 Emily 的行列——她照亮了前进的道路，激励你拥抱这些非凡的力量，重塑未来。

感谢你，我的朋友，感谢你为此付出的时间、精力和爱。

Andrea Olgiati

Amazon SageMaker 首席工程师

我们要保持初学者的心态，怀揣好奇、谦卑和勇气去面对未知的事物，不断学习和成长。

——Emily Webber

作 者 简 介

Emily Webber 是亚马逊网络服务(Amazon Web Services，AWS)的首席机器学习专家解决方案架构师。在 AWS 工作的 5 年多时间里，她帮助数百名客户实现了云的机器学习，专门从事大型语言和视觉模型的分布式训练。Emily 不仅指导机器学习解决方案架构师为 SageMaker 和 AWS 编写众多的程序，还指导 Amazon SageMaker 产品和工程团队了解机器学习和客户方面的最佳实践。Emily 在 AWS 社区中广为人知，不仅是因为她在 YouTube 上发布过一个由 16 个视频组成的 SageMaker 系列(https://www.youtube. com/playlistlist = PLhr1KZpdzukcOr_6j_zmSrvYnLUtgqsZz)，其播放量高达 21.1 万次，还因为她曾在 2019 年伦敦人工智能大会上发表过主题演讲，介绍过她为公共政策开发的一种新型强化学习方法。

致　　谢

　　这篇短短的致谢根本无法让我充分表达对所有才华横溢、激情四射、奋发图强和善良纯真的人们的感谢，正是他们的帮助才得以让我走到此时此刻。

　　首先要感谢 Packt 团队，感谢 Dhruv Kataria、Priyanka Soam、Aparna Ravikumar Nair 和 Hemangi Lotlikar 在内的所有人，非常感谢你们的热情和细致的检查，以及从一开始就对我的信任。10 年前，我从未想过我会写一本关于人工智能的书，这本书真的耗费了我们整个团队的大量心血才得以完成。

　　我想感谢数百名亚马逊人对我和本书内容的支持。这一切都源于他们的服务范围、他们的客户、他们开创的业务、他们开发的设计模式、他们完善的技术，他们创建的内容，等等。我尤其想感谢 Nav Bhasin、Mani Khanuja、Mark Roy、Shelbee Eigenbrode、Dhawal Patel、Kanwaljit Khurmi、Farooq Sabir、Sean Morgan，以及其他所有我喜欢与之日日共事的优秀的机器学习 SA 工程师们。亚马逊有很多其他团队，他们的热情造就了这项工作：从工程到产品，从业务开发到营销；我很荣幸能和你们一起实现这个梦想。

　　感谢我的客户，你们真的把一切都变成了现实！无论我们是分享了沉浸式的一天、一个研讨会、一个电话、一次演讲、一篇博客文章，还是一个 Slack 频道，能在这么多场合成为你们的技术合作伙伴都是一种荣幸。我们真的每天都在思考如何优化结果！

　　2023 年 1 月，在夏威夷举行的计算机视觉冬季应用会议上，我花了好些天的时间写这本书。那时我参加了 Fouad Bousetouane、Corey Barrett、Mani Khanuja、Larry Davis 等主持的一个研讨会(https://sites.google.com/

view/wacv2023-workshop)。对于我在 WACV 的所有朋友来说，这是一个能与你们一起讨论想法的完美地方，感谢你们的支持！

最后，我要感谢我亲爱的丈夫和家人，感谢他们在我曲折的人生道路上给予我的支持。谁能想到宾夕法尼亚州的一个疯狂女孩会撰写关于人工智能的书籍？绝不是我！

感谢我的读者，是你们让这一切成为可能。我希望你们能与我保持联系！我每周一都会在 Twitch 上直播，你们可以随时向我提问或跟我聊天，敬请持续关注未来。还有万语千言与君共叙！

审稿者简介

Falk Pollok 是 IBM Research Europe 的高级软件工程师，也是 MIT-IBM Watson 人工智能实验室的高级研究员，专门研究基础模型和多模态问答。Falk 是国防高级研究计划局(DARPA)机器常识(MCS)项目团队的成员，为 IBM Watson Core、Orchestrate 和 ML 做出过杰出的贡献，是 IBM Sapphire 的首席开发人员，创立过 IBM 的工程卓越计划。Falk 拥有亚琛工业大学的计算机科学硕士学位，康奈尔大学的领导证书，以及 IBM 最高的开发人员职业级别。此外，他在神经信息处理大会、AAAI 以及中间件大会等顶级会议上发表过 8 篇论文，拥有 2 项专利，被评为 IBM 研究的代言人，并斩获过多项奖项，包括 IBM 的 OTA 和 InfoWorld 的开源软件奖(BOSSIE)。

前　言

你想使用基础模型吗？这是一个很棒的起点！机器学习社区中的许多人多年来一直在关注着这些奇怪的"生物"，从它们最早出现在 Transformer 模型的最初几天，到它们在计算机视觉中的渗透和扩展，再到我们在当今世界中看到的几乎无处不在的文本生成和交互式对话。

但是基础模型是从哪里来的呢？它们是如何工作的？是什么让它们启动，应该在什么时候对它们进行预训练和微调？如何在数据集和应用上尽可能提高性能？需要多少个加速器？端到端应用程序是什么样子的？如何使用基础模型来掌控生成式人工智能？

本书希望能为这些非常重要的问题提供答案。毋庸置疑，这个领域的创新速度真的很惊人，每天都有比昨天更多的基础模型从开源和专有模型供应商那里上线。为了应对这一现实，我试图在整本书中关注最重要的概念基础。这意味着你在这里的认真学习能在未来几年得到回报。

在实际应用和指导方面，我主要关注通过 AWS，特别是 Amazon SageMaker 提供云计算选项。在过去 5 年多里，我在 AWS 度过了非常愉快的时光，我很乐意与你分享我所有的知识和经验！注意，本书中分享的所有想法和观点都是我自己的，并不代表亚马逊的观点。

本书所有章节关注的皆是概念，而非代码。这完全是因为软件变化很快，而基础变化异常缓慢。本书的参考文献包含全书 15 章所有关键参考资源的链接，你可立刻将其用于所有学习内容的实践。

你可能会觉得以下的一切难以置信，但是，在我 20 岁出头的时候，我确实并没有在写代码：我在探索一种僧侣般的生活。我在亚利桑那州的一个冥想静修中心 Garchen 研究所住了 5 年。在这段时间里，我学会了如何冥想，集中注意力，观察情绪，养成良好的习惯。几年后，我在芝加哥大学获得了硕士学位，现在在亚马逊，这些品质在当今世界仍然非常有用！

　　我提我的这些经历是为了帮助你提振学习信心。机器学习、人工智能、云计算、经济学、应用程序开发，这些主题确实都不简单，但只要你全身心投入，思考手头问题的核心基础，一次又一次地迎击挑战，真的没有什么是你做不到的。这就是人性之美！如果连一个冥想的瑜伽人士都可以直接从一个静修小屋的深度沉默中学习如何预训练和微调基础模型，那么你也可以！

　　请坚定这一信念，继续学习本书！

本书读者对象

　　如果你是一名机器学习研究人员或爱好者，想开始一个基础建模项目，本书就是为你准备的。应用科学家、数据科学家、机器学习工程师、解决方案架构师、产品经理和学生都可从本书中受益。在学习本书前，必须掌握中级 Python 技术以及云计算的入门概念，要对深度学习的基本原理有深刻的理解，同时能对高级主题进行解释。本书内容涵盖了先进的机器学习和云技术，并以可操作、易于理解的方式进行了解释。

本书内容

　　第 1 章"预训练基础模型简介"介绍当今许多人工智能和机器学习系统的支柱——基础模型；深入探究其创建过程(也称预训练)，并分析提高模型准确性的竞争优势之所在；讨论支撑最先进模型的核心 Transformer 架构，如 Stable Diffusion、BERT、Vision Transformer、CLIP、Flan-T5 等；介绍用于解决各种用例的编码器和解码器框架。

　　第 2 章"数据集准备：第 1 部分"讨论数据集需要什么来启动一个有意义的预训练项目。该章是关于数据集准备的两个部分中的第 1 部分，会从业务指导着手，为基础建模寻找一个使数据变得有用的好用例，然后专注于数据集内容，使用定性和定量的方法将其与用于预训练其他顶级模型时使用的数据集进行比较。该章讲解如何使用缩放法则来确定数据集是否

"足够大"且"足够好",并在预训练时提高准确性;讨论偏差的识别和减少,以及多语言和多模态的解决方案。

第 3 章 "模型准备" 讲解如何选择最有用的模型作为预训练机制的基础,如何设置表示模型大小的参数、选择关键损失函数以及决定它们影响生产性能的方式,讲授如何结合缩放法则与数据集预期大小来设置用于指导实验的基础模型的大小范围。

第 4 章 "云容器和云加速器" 讲解如何将脚本容器化,并针对云加速器对其进行优化;介绍一系列用于基础模型的加速器,包括在整个机器学习生命周期中围绕成本和性能的权衡;讲解 Amazon SageMaker 和 AWS 的关键知识点,以便在加速器上训练模型、优化性能和解决常见问题。熟悉在 AWS 上使用加速器的读者可以跳过该章。

第 5 章 "分布式基础知识" 讲解用于大规模预训练和微调的分布式技术的概念基础。首先深入讲解机器学习的顶级分布式概念,特别是模型和数据并行;其次讲解如何将 Amazon SageMaker 与分布式软件集成,以便在尽可能多的 GPU 上运行作业;接着讲解如何为大规模训练优化模型和数据并行,特别是使用分片数据并行等技术;再讲解如何使用优化器状态分片(optimizer state sharding)、激活检查点(activation checkpointing)、编译(compilation)等高级技术来减少内存消耗;最后列举一些结合了上述所有概念的语言、视觉等方面的综合示例。

第 6 章 "数据集准备:第 2 部分" 讲解如何准备数据集,以便立即与所选择的模型一起使用;深入讲解数据加载器的概念,了解为什么它是训练大型模型时常见的错误源;介绍如何创建嵌入、使用词元分析器和其他方法为你首选的神经网络特征化原始数据——参照这些步骤,必能使用视觉和语言的方法准备整个数据集;讲解 AWS 和 Amazon SageMaker 上的数据优化,以便有效地将大大小小的数据集发送至训练集群。全章从训练循环开始倒推,逐步呈现大规模训练功能性深度神经网络需要的所有步骤。读者可以在该章的学习中跟随作者体验如何进行案例研究,一步步在 SageMaker 上展开 10TB 级的 Stable Diffusion 训练!

第 7 章 "寻找合适的超参数" 深入讲解控制顶级视觉和语言模型性能的关键超参数,如批量大小、学习率等。首先向新手概述超参数微调,并穿插讲解视觉和语言方面的关键示例；接下来，探讨基础模型中的超参数微调，间或介绍如今可能出现的情况和趋势；最后，讲解如何在 Amazon SageMaker 上寻找合适的超参数，在集群大小中采取增量步骤，并在此过程中更改每个超参数。

第 8 章"SageMaker 的大规模训练"介绍 Amazon SageMaker 支持高度优化的分布式训练运行的主要特性和功能；讲解如何针对 SageMaker 训练优化脚本以及运用关键的可用性功能；讲解使用 SageMaker 进行分布式训练的后端优化，如 GPU 健康检查、弹性训练、检查点、脚本模型等。

第 9 章"高级训练概念"介绍大规模的高级训练概念，如评估吞吐量、计算每个设备的 TFLOPS 模型、编译，以及使用缩放法则来确定适宜的训练时长。承接第 8 章(在 SageMaker 上进行大规模训练)，继续在该章介绍一些特别复杂和高深的技术，降低作业的总成本。更低的成本会直接转化为更高的模型性能，毕竟这意味着可在相同的预算下训练更长时间。

第 10 章"微调和评估"讲解如何在用例特定的数据集上微调模型，将其性能与现成的公共模型进行比较；深入讲解几个关于语言、文本以及两者之间一切事宜的示例；讲解如何思考和设计一个人机回环评估系统，包括使 ChatGPT 发挥作用的同一 RLHF！第 10 章着重讲解更新模型的可训练权值，模拟学习但不更新权重的技术(如提示微调和标准检索增强生成)则需要参见第 13 章或第 15 章。

第 11 章"检查、减少和监控偏差"分析大视觉、语言和多模态模型主流的偏差识别和减少策略；从统计学以及如何以批判性方式影响人类的角度来阐释偏差的概念；帮助读者掌握在视觉和语言模型中量化和消除偏差的主流方法，最终具备制定监控策略的能力，并能在应用基础模型时减少各种形式的伤害。

第 12 章"如何部署模型"介绍部署模型的各种技术，包括实时端点、无服务、批量选项等——这些概念适用于众多计算环境，但本书将重点关注使用 Amazon SageMaker 中 AWS 的可用功能，讨论为什么在部署之前应该尝试缩小模型，介绍视觉和语言技术，介绍适用于不需要缩小模型场景的分布式托管技术，探讨可以帮助优化模型的端到端性能的模型服务技术和概念。

第 13 章"提示工程"深入研究一组称为提示工程的特殊技术，高屋建瓴地讲解这项技术，包括它与本书中讲解的其他基于学习的主题的相似之处和不同之处；探讨视觉和语言方面的例子，深入研究关键术语和成功指标。特别是，该章还涵盖了在不更新模型权重的情况下提高性能的所有提示和技巧。这意味着我们将模拟学习过程，而不必改变任何模型参数。这包括一些高级技术，如提示和前缀微调。

第 14 章"视觉和语言 MLOps"讲解机器学习的操作和编排的核心概念，即大家熟知的 MLOps，包括构建管道、持续集成和部署、通过环境进行推广等；深入探讨模型预测的监控和人机回环审核的选项；确定在 MLOps 管道中支持大型视觉和语言模型的独特方法。

第 15 章"预训练基础模型的未来趋势"通过指出全书所有相关主题的趋势来结束本书。探讨基础模型应用程序开发的趋势，如使用 LangChain 构建交互式对话应用程序，以及检索增强生成等技术，以减少 LLM 幻觉；探讨用生成模型来解决分类任务、人性化设计以及其他生成模式(如代码、音乐、产品文档、PowerPoints 等)；讨论 SageMaker JumpStart Foundation Models、Amazon Bedrock、Amazon Titan 和 Amazon Code Whisperer 等 AWS 产品，以及未来基础模型和预训练自身的最新趋势。

充分利用本书

你已有的一些关键 AWS 服务经验，如 Amazon SageMaker、S3 bucket、ECR 镜像和 Lustre 的 FSx，都会大大加快你学习本书的速度。即便你是新手，也没关系，我们将详细介绍每个服务。

AWS 服务或开源软件框架	用它做什么？
Amazon SageMaker	工作室、Notebook 实例、训练作业、端点、管道
S3 存储桶	存储对象和检索元数据
Elastic Container Registry	存储 Docker 镜像
Lustre 的 FSx	为模型训练循环存储大规模数据

(续表)

AWS 服务或开源软件框架	用它做什么？
Python	通用脚本，包括服务管理和交互、导入其他包、清洗数据、定义模型训练和评估循环等
PyTorch 和 TensorFlow	定义神经网络的深度学习框架
Hugging Face	拥有超过 100 000 个开源预训练模型，还拥有不计其数的非常有用且可靠的 NLP 和不断增长的 CV
Pandas	数据分析库
Docker	用于构建和管理容器的开源框架

下载示例代码文件

可扫描封底二维码来下载本书的示例代码文件。

参考文献

在阅读正文的过程中，会看到穿插的参考文献，形式是(*)，*表示编号，例如第 2 章中的(2)。本书将各章的参考文献都汇总在参考文献文档中，读者可扫描封底二维码，下载该文档。

目　　录

第 I 部分　预训练前

第Ⅲ部分　训练模型

第Ⅳ部分 评估模型

第 V 部分   部署模型

—— 以下内容可扫描封底二维码下载 ——

第 I 部分
预训练前

第 I 部分讲解如何准备预训练大型视觉和/或语言模型，包括数据集和模型准备。

本部分的内容如下。

- 第 1 章：预训练基础模型简介
- 第 2 章：数据集准备：第 1 部分
- 第 3 章：模型准备

第 *1* 章

预训练基础模型简介

从 70 多年的人工智能研究中习得的最大教训是，利用计算的一般方法终将是最有效的，而且在很大程度上是如此……从长远看，计算也是唯一重要的事。

——Richard Sutton，"The Bitter Lesson"，2019(1)

本章将介绍当今许多人工智能和机器学习系统的支柱——基础模型，特别是，将深入探讨其创建过程(也称为预训练)，并了解其在提高模型准确性上的竞争优势。还将讨论支撑最先进模型的核心 Transformer 架构，如 Stable Diffusion、BERT、Vision Transformer、OpenChatKit、CLIP、Flan-T5 等，介绍可用于解决各种用例的编码器和解码器框架。

本章内容
- 预训练和微调艺术
- Transformer 模型架构和自注意力
- 最先进的视觉模型和语言模型
- 编码器和解码器

1.1 预训练和微调艺术

人能够创造出最伟大的美，提出最深刻的问题，但在许多情况下，对自身基础底层构成的认识却极度匮乏。意识究竟为何物？心灵又是何物？心应系于何处？身而为人的意义何在，以及如何学习？

当来自无数学科的科学家、艺术家和思想家努力思考且试图解决这些复杂的问题时，计算领域也正在复制(某些情况下甚至是超越)人类智慧的道路上奋进。如今，从自动驾驶汽车到编写剧本、搜索引擎和问答系统的应用程序都有一个共同点，即都用到了模型，甚至是许多不同类型的模型。这些模型来自哪里，它们是如何获得智力的，可以采取什么步骤来应用它们以获得最大的影响呢？基础模型本质上是大量数据集的紧凑表示。而这种表示又是通过将预训练目标应用到数据集上来实现的，从预测掩膜词元到完成句子。基础模型非常有用——一旦创建了模型，通过称为预训练的过程，模型就可以直接部署，或针对下游任务进行微调。直接部署的基础模型的一个例子是 Stable Diffusion，其基于数十亿的图像-文本对进行预训练，预训练后便能立即从文本中生成有用的图像。微调基础模型的一个例子是 BERT，BERT 基于大型语言数据集进行预训练，但最适用于下游领域(如分类)。

当应用于自然语言处理时，这些模型可以完成句子，将文本分类，生成摘要，回答问题，做基础的数学运算，并生成创造性作品，如诗歌和歌曲等。在计算机视觉中，基础模型可用于图像分类、生成、姿态估计、目标检测、像素映射等任何地方。

而这都源于定义了一个预训练目标(详见本书)。此外，我们还将介绍它的同类方法——微调，它可帮助模型了解关于特定域的更多信息。通常，这属于迁移学习的范畴，即采用预训练的神经网络，并为其提供一个新的数据集，增强其在某个维度上的知识。在视觉和语言方面，这些术语都有一些明确的区别，但别担心，后面将用更多的篇幅来介绍它们。我一般使用"微调"一词来指代将一个模型适应于另一个领域的一整套技术，而非狭义的、经典的术语。

基础——预训练目标

大规模预训练的核心均围绕"预训练目标"概念展开。"预训练目标"是一种利用数据集中随时可用的信息且不需要大量人工词元的方法。一些预训练目标包括掩膜、提供唯一的[MASK]词元来代替某些单词和训练模型填充这些单词。其他预训练目标则采取不同的方法，使用给定文本字符串的左侧内容来尝试生成右侧内容。

训练过程通过前向传递(forward pass)进行，将原始训练数据发送到神经网络以产生一些输出单词。然后，损失函数会计算该预测单词与数据中所找到的单词之间的差值。预测值和实际值之间的差值是反向传递(backward pass)的基础。反向传递本身通常利用某种随机梯度下降来更新神经网络关于相同损失函数的参数，确保下次更有可能获得更低的损失函数。

在BERT(2)的情况下，预训练目标被称为掩膜词元损失(masked token loss)。对于GPT(3)变体的生成式文本模型，预训练目标被称为因果语言损失。另一种考虑整个过程的方式是自监督学习(self-supervised learning)，其利用数据集中已有的内容作为模型的信号。而这在计算机视觉中又被称为代理任务(pretext task)。接下来的章节中将介绍更多先进的模型!

我个人认为预训练是机器学习研究中最令人激动的进展之一。为什么? 因为，它与 Richard Sutton 在本章开头提出的带有争议的观点是契合的——在计算上是有效的。使用预训练可以基于互联网上大量的可用信息构建一个模型，然后使用自己的专有数据将所有这些知识结合起来，应用于应用程序。此外，预训练还为公司、国家、语言和领域的巨大合作打开了方便之门。该行业在发展、完善和利用预训练范式方面确实才刚刚起步。

众所周知，预训练既有趣又有效，但它自身的竞争力又在哪里呢? 在自己的专有数据集非常大、与常见的研究数据集相比，且基本上没有词元的情况下，预训练自己的模型是有用的。本书中讲解的大多数模型都是在类似的语料库上训练的——如维基百科、社交媒体、书籍和流行的互联网站。其中的许多语料库都只专注于英语语言，很少会有意识地使用视觉和文本数据之间的丰富互动。而本书则会有意识地探讨选择和完善预训练策略的细微差别和不同优势。

如果你的业务或研究假设依赖于非标准的自然语言，如金融或法律术语、非英语语言或来自另一个领域的丰富知识，就可能需要考虑从头开始预训练自己的模型。你要问问自己，核心问题是什么，在你的模型中，准确度每提高一个百分点会带来多大的价值？如果你不知道这个问题的答案，那么我强烈建议你花点时间寻找一个答案。第 2 章中将花上一些篇幅来讨论如何做到这一点。一旦你可以自信满满地说，我的模型准确性的提高至少值几十万美元，甚至可能值几百万美元，就可以开始预训练模型了。

至此，基础模型就已经简单介绍完毕，但是它们是如何通过一个称为预训练的过程产生的，以及如何通过微调来适应特定领域的呢？接下来让我们一起了解关于 Transformer 模型架构的更多内容。

1.2　Transformer 模型架构和自注意力

2017 年，著名的论文 *Attention is all you need* 提出了 Transformer 模型，成为机器学习行业的一个转折点。这主要是因为该模型使用了一种现有的数学技术，即自注意力机制，来解决与序列有关的 NLP 问题。Transformer 当然不是对序列建模的第一次尝试，以前，循环神经网络(recurrent neutral network，RNN)甚至卷积神经网络(convolutional neural network，CNN)在语言中都非常流行。

然而，Transformer 却因其训练成本只占现有技术的极小百分比而脱颖而出。这不仅源于 Transformer 凭借其核心的自注意力过程从根本上超越了以前的技术，更容易并行化，还源于其刷新了机器翻译的新世界纪录。最初的 Transformer 同时使用了编码器和解码器。这种联合编码器-解码器模式已直接被其他专注于类似文本到文本任务(如 T5)的模型所借鉴。

2018 年，Alex Radford 和他的团队推出了生成式预训练 Transformer (Generative Pretrained Transformer)，这是一种受 2017 年 Transformer 启发的方法，但只使用了解码器。该模型被称为 GPT，能够很好地处理大规模的无监督预训练，并与有监督的微调相结合，在下游任务中表现良好。正如前文提到的，这种因果语言建模技术优化了词元的对数概率，提升了从左到右找到序列中可能性最大的单词的能力。

2019 年，Jacob Devlin 和他的团队展示了 BERT：深度双向 Transformer 的预训练。BERT 还采用了预训练、微调范式，但实现了一个掩膜语言建模损失函数，帮助模型学习词元对词元前、后内容的影响。事实证明，这在消除不同上下文中单词的歧义方面很有用，并从那时起促进了仅使用编码器的任务(如分类)的发展。

尽管 GPT 和 BERT 的名字内都包含了 Transformer 一词，但都没有使用原 Transformer 论文中提及的完整的编码器-解码器，而是利用自注意力机制作为整个学习过程的核心步骤。因此，这才是我们实际上应该理解的自注意力过程。

首先要记住，每个单词或词元都可以表示为一个嵌入。使用词元分析器便可轻松创建嵌入，而词元分析器是每个模型的预训练数据对象，它会将单词映射为适当的密集向量。当每个词元都有一个对应的嵌入时，就可以使用可学习权重来生成 3 个新的向量：键(key)、查询(query)和值(value)。然后，使用矩阵乘法和少许步骤与键和查询交互，使用最后的值来确定序列中信息量最大的部分。在整个训练循环中，会根据你的预训练目标更新这些权重，以获得越来越好的互动。

预训练目标可作为如何更新模型参数的定向指南。换句话说，预训练目标为随机梯度下降更新过程提供了主要信号，根据模型预测的错误程度来改变模型的权重。当长时间训练时，这些参数应该反映出损失值的减少，从而提高整体的准确性。

有趣的是，Transformer 头的类型会根据所使用的不同类型的预训练目标而略有变化。例如，一个正常的自注意力模块使用来自词元左侧和右侧的信息来预测它。这是为预测提供信息量最大的上下文信息，在掩膜语言建模中很有用。在实践中，自注意力头被堆叠在嵌入的全矩阵进行操作，从而带来多头注意力。然而，因果语言建模使用了一种不同类型的注意力头：掩膜自注意力。这将预测信息的范围限制在矩阵的左侧，迫使模型学习从左到右的过程。这与更传统的自注意力形成了对比，后者可以同时访问序列的左侧和右侧进行预测。

大多数时候，并不需要从头开始编写任何 Transformer 或自注意力头。

然而，本书会深入研究许多模型架构，因此将这些概念知识作为基础是很有帮助的。

直观地讲，需要了解 Transformer 和自注意力的内容有以下几点。

- **Transformer 本身是一个完全建立在自注意力函数上的模型**：自注意力函数接收一组输入(如嵌入)，并执行数学运算来组合这些输入。当与词元(单词或子单词)掩膜相结合时，该模型可以有效地学习嵌入的某些部分或序列对其他部分的重要程度。这正是自注意力的意义；该模型试图了解输入数据集的哪些部分与其他部分最相关。

- **Transformer 在使用序列时表现得非常好**：近年来，大多数有突破的基准测试都来自 NLP，这是有充分理由的。这些预训练目标包括词元掩膜和序列完成，这两者不仅依赖于单个数据点，还依赖于它们的串接及其组合。这对那些已经在使用序列数据的人来说是个好消息，对那些不使用序列数据人来说则是一个有趣的挑战。

- **Transformer 在大规模环境运行得很好**：底层的注意力头很容易并行化，这使它在参考其他候选的基于序列的神经网络架构(如 RNN)时具有强大的优势，包括基于**长短期记忆(Long Short-Term Memory，LSTM)**网络。在预训练情况下，自注意头可以设置为可训练的，在微调的情况下，自注意头则可以设置为不可训练的。整本书中都会尝试实打实地训练自注意力头，其中最佳性能是在大型数据集上应用 Transformer。它们需要有多大，以及在选择微调或预训练时可以做出什么权衡，都将在后续章节讲解。

Transformer 并非是唯一的预训练方式。正如 1.3 节所述，还有许多其他类型的模型(特别是在视觉和多模型的情况下)也可以提供最先进的性能。

1.3 最先进的视觉模型和语言模型

如果你是机器学习的新手，那么一定渴望知道如何掌握最先进的技术。如你所知，有许多不同类型的机器学习任务，如目标检测、语义分割、姿势检测、文本分类和问题回答。每个任务都有许多不同的研究数据集。每个数据集都会提供标签，通常用于训练集、测试集和验证集的划分。这些数据集往往由学术机构托管，每个数据集都是专门为训练解决某一类问题的机器学习模型而构建的。

通常，当发布一个新的数据集时，研究人员还会发布一个已经基于训练集训练、基于验证集微调并在测试集上单独评估的新模型。该新测试集的评估分数便奠定了此特定类型的建模问题的最先进技术水平。在发表某类论文时，研究人员通常会试图提高这一领域的性能——例如，尝试在少数数据集上提高几个百分点的准确性。

最高水准的性能对你来说很重要，原因是它可以证实你的模型在最佳情况下的性能。大多数研究结果都很难再现，而且实验室通常都会研发特殊技术来提升性能，因此其他人不太容易目睹和复制这些技术。当数据集和代码仓库没有公开共享时，尤其如此，例如 GPT-3。当训练方法没有公开时，情况更是如此，例如 GPT-4。

然而，如果有足够的资源，就可能实现顶级论文展现的类似性能。*Papers With Code* 是一个由 Meta 维护并由社区赋能的优秀网站，是在任何特定时间点都可以获得最先进性能的绝佳场所。通过这个免费工具，很容易就能找到顶级论文、数据集、模型和 GitHub 网站的示例代码。此外，它们有很好的历史视图，从中可以查看不同数据集中的顶级模型随时间的演变历史。

后续关于准备数据集和选择模型的章节，将更详细地介绍如何寻找合适的示例，包括如何确定与目标的相似度和差异度。后续章节还会帮助你确定最佳模型及其大小。在此，先来看一看截至本书撰写之时，处于各自排行榜前列的一些模型。

1.3.1　截至 2023 年 4 月的顶级视觉模型

首先，我们通过表 1.1 快速了解一下在分类和生成等图像任务中表现最佳的模型。

表 1.1 顶级视觉模型对比

数据集	最佳模型	来自 Transformer	性能
ImageNet	Basic-L(Lion 微调)	是	91.10%准确率
CIFAR-10	ViT-H/14 (1)	是	99.5%准确率
COCO	InternImage-H(M3I 预训练: https://paperswithcode.com/ paper/internimageexploring- largescale-vision)	否	65.0 Box AP
STL-10	Diffusion ProjectedGAN	否	6.91 FID(生成)
ObjectNet	CoCa	是	82.7%准确率
MNIST	具有简单 CNN 的异构集成(1)	否	99.91% 准确率 (0.09% 误差)

乍一看，这些数字可能令人生畏。毕竟，它们中的许多都接近 99%的准确率！对于初级或中级机器学习从业者来说，这是不是有些太高了？

在被怀疑和恐惧冲昏头脑之前，有必要先了解这些准确率数值中的大多数都是在研究数据集发布 5 年后得出的。分析 *Paper With Code* 上的历史图表，很容易看出，当第一批研究人员发布其数据集时，最初的准确率数值接近 60%。然而，不同的组织和团队经过多年的艰苦工作，最终得到了能够冲击 90%~99%准确率的模型。因此，不要灰心！只要你投入时间，也可以训练一个模型，在指定的领域刷新最先进的性能纪录。这是科学，而不是魔法。

你会注意到，其中一些模型采用了受 Transformer 启发的后端，而另一些模型则没有。经过仔细检查，你还会发现其中一些模型依赖于本书后面讲解的预训练和微调范式。如果你是机器学习的新手，就应该开始适应这种差异！强有力和多样化的科学辩论、观点、见解和观察是维持健康社区和提升整个领域最终质量的关键。这意味着你可以也应该期待你遇到的方法会存在一些争议，这是一件好事。

现在，你对计算机视觉中的顶级模型已经有了更好的理解，接下来让我们探索一种最早将大型语言模型技术与视觉相结合的方法：对比预训练与自然语言监督。

1.3.2　对比预训练与自然语言监督

从李飞飞 2006 年的 ImageNet 到 2022 年 Stable Diffusion 中使用的 LAION-5B，现代和经典图像数据集的有趣之处在于，标签本身是由自然语言组成的。换句话说，因为图像的范围包括来自现实世界的物体，所以标签必然比单个数字更微妙。从广义上讲，这种类型的问题框架被称为自然语言监督(natural language supervision)。

想象一下，有一个由数千万张图像组成的大型数据集，每张图像都配有描述。除了简单地命名对象，描述还可以提供有关图像内容的更多信息。描述可以是任何东西，从 Stella sits on a yellow couch(斯特拉坐在黄色沙发上)到 Pepper, the Australian pup(澳大利亚小狗佩珀)。只需要几句话，就能立即获得比简单描述对象更多的上下文信息。现在，想象一下使用一个预训练的模型，如编码器，将语言处理成密集的向量表示。然后，将其与另一个预训练模型(这次是图像编码器)相结合，将图像处理成另一个密集向量表示。将这两者结合在一个可学习的矩阵中，就可以进行对比预训练了！同样由 Alex Radford 和他的团队在 GPT 问世几年后提出的这种方法为我们提供了一种共同学习图像和语言之间关系的方法，以及一种非常适合这样做的模型，该模型被称为**对比语言图像预训练(CLIP)**。

CLIP 当然不是唯一一个使用自然语言监督的视觉语言预训练任务。2019 年，一个来自中国的研究团队提出了一个试图实现类似目标的视觉语言 BERT(Visual-Linguistic BERT)模型。从那时起，视觉和语言基础模型的联合训练就变得非常流行了，Flamingo、Imagen 和 Stable Diffusion 都有不俗的表现。

现在已经了解了一些关于联合视觉和语言对比预训练的知识，接下来继续探索一下当今语言领域的顶级模型。

1.3.3 截至 2023 年 4 月的顶级语言模型

现在，让我们为一项与基础模型极其相关的任务评估当今的一些主流模型，即本书中的语言建模。表 1.2 显示的是一组跨各种场景的语言模型基准测试结果。

表 1.2 顶级语言建模结果

数据集	最佳模型	来自 Transformer	性能
WikiText-103	Hybrid H3 (2.7B 参数)	否	10.60 测试困惑
Penn Treebank(词级)	GPT-3 (零样本) (1)	是	20.5 测试困惑
LAMBADA	PaLM-540B(少样本)(1)	是	89.7%准确率
Penn Treebank (字符级)	Mogrifer LSTM+动态求值(1)	否	1.083 位/字符
C4(Colossal Clean Crawled Corpus)	Primer	否	12.35 困惑度

首先，我们回答一个基本问题。什么是语言建模，为什么它很重要？目前已知的语言建模似乎已经在两篇基石论文中形式化：BERT(9)和GPT(10)。启发这两篇论文的核心理念看似简单：如何更好地使用无监督的自然语言？

毫无疑问，世界上的绝大多数自然语言都没有直接的数字标签。一些自然语言很适合贴上具体的标签，例如客观性毋庸置疑的情况。这可以包括回答问题、摘要、高级情感分析、文档检索等方面的准确性。

但是，确定这些标签并生成它们所需的数据集的过程可能会令人望而却步，因为这完全是由人工手动进行的。同时，许多无监督的数据集每分每秒都在增大。毕竟，当今的大部分全球对话都是在线的，各种各样的数据集很容易访问。那么，机器学习(ML)研究人员应该如何定位自己，从这些大型、无监督的数据集中获益呢？

这正是语言建模想解决的问题。语言建模是将数学技术应用于没有词元文本的大型语料库的过程，依赖于各种预训练目标，以使模型能够自学文本。这也称为自监督，是一种可以因手头模型的不同而微调变化的精准学习方法。BERT 在整个数据集中随机应用掩膜，并使用编码器学习预测掩膜隐藏的单词。GPT 使用解码器从左到右进行预测，例如从句子的开头开始，学习如何预测句子的结尾。T5 系列中的模型同时使用编码器和解码器来学习文本到文本的任务，如翻译和搜索。正如 ELECTRA(11)中所提出的，另一种替代方案是词元替换目标，该目标选择将新的词元注入原始文本中，而不是进行掩膜。

基本原理——微调

基础语言模型只有在应用中与其同类的方法(微调)配对时才有用。微调背后的直觉是可以理解的；我们希望采用一个在其他地方已经预训练的基础模型，并应用一组小得多的数据，以使其对特定任务更专注、更有用。也可以称为域自适应——将预训练的模型自适应到一个完全不同的领域，而这个领域并未包括在预训练任务中。

微调任务无处不在！可以采用一个基本的语言模型(如 BERT)，并对其进行微调来分类文本、回答问题或识别命名实体；也可以采用不同的模型(如 GPT-2)并对其进行微调以提取摘要；还可以使用诸如 T5 的模型并对将其进行微调来翻译。基本思想是利用基础模型的智能。你正在利用计算、数据集、大型神经网络，以及最终研究人员通过继承预训练的构件加以运用的分布方法。因此，你可选择自行为网络添加额外的层，或者更有可能使用 Hugging Face 等软件框架来简化过程。Hugging Face 在构建一个非常流行的开源框架方面做得非常出色，该框架包含数万个预训练的模型，我们将在后续章节中看到如何最好地利用此类示例来自行构建视觉和语言模型。有许多不同类型的微调，从参数有效的微调到指令微调、思想链，甚至是不严格更新核心模型参数的方法，如检索增强生成。本书后续章节将讨论这些问题。

正如后续章节中发现的那样，基础语言和视觉模型并非没有负面影响。对于初学者来说，其极其庞大的计算需求对服务提供商提出了显著的能源需求。确保通过可持续的方式满足能源需求，并确保建模过程尽可能高效，正是未来模型的首要目标。这些大型计算需求显然也相当昂贵，给那些没有足够资源的人带来了挑战。然而，我认为，本书讲授的核心技术正好与计算需求和资源相关。一旦你在较小规模的预训练中获得成功，通常能更容易证明额外的要求是合理的。

此外，正如后续章节所讲述的那样，大型模型因其继承了训练数据中存在的社会偏见而臭名昭著。从某些职业的性别歧视，到根据种族判断犯罪可能性，研究人员已经发现了数百种偏差可能渗透到 NLP 系统中的方式。与所有技术一样，设计者和开发人员必须意识到这些风险，并采取措施削弱这些风险。在后续章节中，将帮助你鉴别如今可以采取哪些步骤来降低这些风险。

接下来，继续学习一个用于定义语言模型的适当实验的核心技术：缩放法则！

1.3.4　语言技术重点——因果建模和缩放法则

你一定听说过现在非常出名的 ChatGPT 模型。几年来，一家位于旧金山的人工智能机构 OpenAI 开展了一项研究，其任务是改善人类在人工智能方面的成果。为此，他们在缩放语言模型方面进行了大胆尝试，采用了类似物理学中的推导公式来解释 LLM 的缩放性能。他们最初将自己定位为非营利性组织，发布核心见解和可以复制的代码。然而，在其成立 4 年后，他们转而与微软达成了数十亿美元的独家协议。现在，他们 600 多人的研发团队专注于开发专有模型和技术，许多开源项目试图复制和改进他们的产品。尽管这是一个有争议的转折点，OpenAI 的团队还是为行业提供了一些非常有用的见解。第一个是 GPT，第二个是缩放法则。

如前所述，基于 GPT 的模型使用因果语言建模来学习如何最好地完成文本。这意味着使用从左到右的完成学习标准，更新模型的可学习参数，直到文本完全准确。虽然 2018 年的第一个 GPT 模型本身很有用，但真正令人兴奋的是几年后的两个阶段。首先，Jared Kaplan 带领 OpenAI 的一个团队提出了一个新颖的理念：使用受其物理学工作启发的公式来估计模型、数据集和整体计算环境的大小对模型损失的影响。神经语言模型的缩放法则(9)表明，给定计算环境的最佳模型体量是巨大的。

2018 年的原始 GPT 模型只有 1.17 亿个参数，其第 2 个版本，GPT-2，将模型增大了 10 倍。参数大小的增加使模型的总体精度增加了一倍多。在这些结果的鼓舞下，在 Kaplan 的理论和经验发现的推动下，OpenAI 大胆地将模型参数大小又增加了 10 倍，也由此得到了 GPT-3。

随着模型尺寸的增加，从 13 亿个参数增加到 130 亿个，最终达到 1750 亿个参数，准确性也有了巨大飞跃！这一结果催化了 NLP 的领域，释放了新的用例以及大量探索和扩展这些影响的新研究工作。从那时起，新的研究工作已经探索了更大的(PaLM(9))模型和更小的(Chinchilla(10))模型，Chinchilla 完全更新了缩放法则。Yann LeCunn 在 Meta 的团队也提出了一些在特定领域优于大型模型的小型模型，如问答(Atlas(9))。Amazon 还推出了两款性能优于 GPT-3 的模型：AlexaTM 和 MM-COT。许多团队也在致力于生产 GPT-3 的开源版本，如 Hugging Face 的 BLOOM、EleutherAI 的 GPT-J 和 Meta 的 OPT。

本书后续章节将专门讨论这些模型——它们来自哪里，有什么好处，尤其是如何训练自己的模型！虽然许多优秀的成果已经涵盖了通过微调在生产中使用这些预训练的模型，例如 Hugging Face 自带 Transformer 的自然语言处理(Tunstall et al.，2022)，但我仍然相信，预训练你自己的基础模型可能是你今天能开始的最有趣的计算智力练习。我也相信这是最赚钱的行业之一。

接下来，详细了解两个关键模型组件：编码器和解码器。

1.4 编码器和解码器

现在，我想简单地介绍两个会在讨论基于 Transformer 的模型时看到的主题：编码器和解码器。先来建立一些基本的直觉来帮助理解它们是关于什么的。编码器只是一个计算图(或神经网络、函数或对象，具体取决于你的背景)，接收具有较大特征空间的输入，并返回具有较小特征空间的对象。我们希望(并通过计算证明)编码器能够了解所提供的输入数据的最重要之处。

通常，在大型语言和视觉模型中，编码器本身由大量多头自注意力对象组成。这意味着，在基于 Transformer 的模型中，编码器通常是大量的自注意力步骤，学习所提供的输入数据的最基本内容，并将其传递到下游模型，如图 1.1 所示。

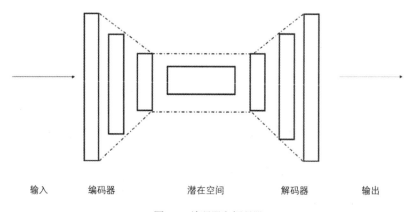

输入　　　　　编码器　　　　　　　　潜在空间　　　　　解码器　　　　　输出

图 1.1　编码器和解码器

如图 1.1 所示，编码器从一个更大的输入空间开始，迭代地将其压缩至一个更小的潜在空间。在分类的情况下，这只是一个为每个类分配的带输出的分类头。在掩膜语言建模的情况下，编码器堆叠在一起，以更好地预测替换掩膜的词元。这意味着编码器会输出嵌入或该词元的数字表示，并在预测之后，重新使用词元分析器将嵌入翻译回自然语言。

最早的大型语言模型之一，BERT，就是一个仅使用编码器的模型。大多数其他基于 BERT 的模型，如 DeBERTa、DistiliBERT、RoBERTa、DeBERTa 和该系列中的其他模型，都使用的是仅使用编码器的模型架构。解码器的操作则完全相反，从压缩的表示开始，并迭代地将其重新组合回更大的特征空间。编码器和解码器都可以像原来的 Transformer 一样组合在一起，以解决文本到文本的问题。

为便于理解，可以参考表 1.3。其中总结了这 3 种类型的自注意力块：编码器、解码器及其组合。

表 1.3　编码器、解码器及其组合

输入和输出的大小	自注意力块的类型	机器学习任务	示例模型
长到短	编码器	分类，任何密集表示	BERT、DeBERTa、DistiliBERT、RoBERTa、XLM、AlBERT、CLIP、VL-BERT、Vision Transformer
短到长	解码器	生成，摘要，问题回答，任何稀疏表示	GPT、GPT-2、GPT-Neo、GPT-J、ChatGPT、GPT-4、BLOOM、OPT
相等	编码器-解码器	机器翻译，风格翻译	T5、BART、BigBird、FLANT5、Stable Diffusion

　　现在你对编码器、解码器及其创建的模型已经有了更好的了解，让我们快速回顾一下刚刚学到的所有概念，结束本章。

1.5　本章小结

　　仅在第 1 章就讨论了如此多的内容！在继续之前，不妨快速回顾一下一些热门主题。首先，本章研究了预训练和微调的艺术，包括一些关键的预训练对象，如掩膜语言和因果语言建模；讨论了 Transformer 的模型架构，包括核心自注意力机制及其变体；研究了最先进的视觉和语言模型，包括自然语言监督的对比预训练，以及神经语言模型的缩放法则。最后，介绍了编码器、解码器及其组合这些非常适合当今的视觉和语言领域的内容。

　　现在，已经有了一个很好的概念和应用基础来理解预训练基础模型，接下来一起来准备数据集。

第 *2* 章

数据集准备：第 1 部分

本章开始讨论在数据集中需要什么来启动一个有意义的预训练项目。这是关于数据集准备的两个部分中的第 1 部分。本章会从一些业务指导着手，为基础建模寻找一个使数据变得有用的好用例。然后专注于数据集的内容，使用定性和定量的方法将其与用于预训练其他顶级模型的数据集进行比较。将介绍如何确定数据集是否"足够大"且"足够好"，以在预训练时提高准确性。还会讨论偏差的识别和减少，以及多语言和多模态的解决方案。

本章内容

- 关于寻找数据集和基础建模用例的业务级讨论
- 通过将数据集与开源研究社区中的数据集进行比较来评估数据集
- 使用缩放法则适当调整数据集的大小
- 偏差检测和减少
- 数据集增强——多语言和增强

2.1 为基础建模寻找数据集和用例

数据集——我们既爱它，也会与之作斗争，既依赖它们，也会忽视它们，这一切经常相伴相生。每一笔交易、每一个数字时刻、每一份档案和每一张快照都是数据集中的候选者。如果组织已经经历了数字化转型，或者成为数字原生用户，那么很可能已经在某些数据存储解决方案上投入了大量资金。无论是在本地还是在云中，每个组织都需要一个安全、可靠、可操作且鲁棒的解决方案来存储各种不同类型的数据。当前面临的主要问题是，如何使用它来赚钱？如何才能深入了解组织的历史和优势中最独特的部分，并加以利用来发展全新的能力，从而进一步提升竞争优势？

对于已经将机器学习模型部署到生产应用程序中的公司来说，为基础建模项目确定候选数据集的一个简单方法是自问，所有模型的共同特征是什么？这些模型依赖哪些领域、哪些模式和哪些信号，可以利用哪些资源来提高这些模型的整体智能？

一个常见的心智练习是考虑业务的核心——互动。从搜索到客户支持、供应链、产品开发和维护、市场营销等，每条业务线都需要定期进行决策。然后，思考以下几个问题：

- 如果要将决策的准确性提高 1%，该怎么办？
- 如果要将市场转化率提高 1%，该怎么办？
- 如果要向客户推荐 1% 的优质内容，该怎么办？
- 如果要将运营效率提高 1%，该怎么办？
- 如果要将回答问题的准确度提高 1%，该怎么办？
- 如果要将产品交付速度提升 1%，该怎么办？

一旦发现了最感兴趣的业务，或者找到了投资影响最大的地方，则试着量化这个数字。准确率提高 1% 会带来 5 万美元的收益吗？会带来 50 万美元或 100 万美元的收益吗？可以达到多少倍？以上这些显而易见，但在所有条件相同的情况下，明显收益越高就越好。要选择一个自己认为投资回报绝对值最大的领域。

确定了组织的业务领域后，取总估计收入的 10%，或者其他你觉得更舒服的低百分比作为最高预算。别担心——我们不会一下子把这一切都搞砸的。你甚至可能不需要花掉所有的钱。在阅读本书的过程中，我将帮助你找出如何获知项目即将取得成功的早期信号，例如对 1% 的数据进行训练，以确保性能优于开源模型。应该在整个预训练项目中冲击关键的里程碑；到达这些里程碑时，便意味着离实现最终目标越来越近。总目标也被用来计算在这个项目上值得花费多少时间、想吸引多少人、进行多少次加速等数字。

当对这个目标的应用，以及估计的回报和成本胸有成竹时，就可以开始将其付诸实践了！首先列出组织已存储的、与要构建的应用程序相关的所有数据集。是否拥有与此相关的关系数据库？是否有客户历史记录？是否有单击流数据、搜索结果、图像、视频？有音频文件吗？有实验结果吗？督促自己在列出尽可能多的候选数据集时发挥创意。不妨花整整一小时来了解，看看组织已经在这个候选应用程序区域存储了什么。如果它是至关重要的任务，那么很可能已经存储了相当多的数据。

如果数据量还没有到 GB 级，或者情况稍好一点，过了 GB 但还未到几十个 GB，那么可能需要考虑从开源解决方案中收集一个新的数据集。这些数据集可能包括 *Papers With Code* 站点(1)提供的 6000 多个数据集的任何组合。还可以查看 *Hugging Face Hub*(2)提供的 8000 个数据集。记住，这些数据集是免费提供的！开源数据集是开始证明想法概念的绝佳方式。用于语言预训练的常见数据集有 The Pile、Common Crawl、Wikipedia、CodeParrot 等(3)。你还可以查看用于多模态预训练的 OSCAR 语料库。视觉 Transformer(ViT)(4)模型是在 ImageNet 上从头开始训练的。选择很多！还可以使用所有这些开源数据集来增强原始数据集，使用开源和专有选项中的最佳选项。

需要记住的另一点是，预训练明显受益于没有打标签的数据。大量无标签数据和少量打标签数据往往能成就最好的预训练项目。这就是预训练基础模型受欢迎的主要原因——世界上大多数数据都没有标签。然而，当使用预训练目标时，正如第 1 章中所了解的那样，可以很容易地训练模型来学习这一点。因此，可使用监督数据来微调它们，而监督数据的数量通常较少。

因此，如果自己所处的环境有数百 GB 数据，如图像、文件、记录、事务、元数据和时间序列数据，就可能需要将其视为自定义预训练的最佳候选者。

按行业划分的顶级预训练用例

接下来重点介绍一些按行业划分的预训练自定义基础模型的顶级用例。这些领域的预训练和微调已经在现实生活中产生了影响。

- 软件和互联网：
    - 搜索和发现
    - 生成文档和代码
    - 提问/回答
- 招待和旅行：
    - 客户支持和服务
    - 预订建议
- 消费电子产品：
    - 设计自动化
    - 时装设计自动化
- 金融服务：
    - 文档摘要和生成
    - 多模态预测
- 媒体和娱乐：
    - 创造力增强
    - 加快创意的产生(新图像、新电影、更好的人工制品等)
    - 确定进入决赛的创意作品(最佳摄影、最佳序列、最佳音乐等)
- 医疗保健和生命科学：
    - 蛋白质建模、药物发现和实验优先级
    - 记录综合与诊断确认
    - 可视化结果确认和实验结果优先级
    - 科学文献综合与实验设计建议
- 制造业和农业：
    - 零件缺陷和构建误差检测
    - 零件和产品整体设计自动化
    - 自主产品设计

- 公共部门治理：

　　　政策影响分析自动化

　　　政策建议自动化

　　　政治和哲学差异调解

　　　预算影响评估和分析自动化

接下来看看你的数据集有何不同。

2.2　你的数据集有多大区别

至此已讲解了最感兴趣的用例，以及哪些数据集将为组织带来最大价值，是时候了解数据集的独特性了。这个分析很重要，因为它将回答两个问题：

(1) 首先，鉴于已经在类似数据上进行训练，哪些模型可供随时使用？

(2) 其次，这些模型的表现如何？

基于此见解提供的线索，便可了解在最佳情况下，希望在数据集上实现什么性能。然后，把预期的性能数字重新插入项目总价值中，并确保项目仍处于正轨上。第 3 章将尽力回答这些问题。本章仅学习如何挑选数据集。对于那些刚开始进行数据分析的人来说，这是一个很好的起点。

首先，花时间踏实地分析你所接触的任何数据集始终是一个好主意。无论是从自己数据库中的自定义内容开始，还是使用开源选项，预计至少要花几个小时来了解它的一些细节。我曾听到的有关这一过程的最鼓舞人心的一句话是：一个好的数据科学团队提出的问题要比他们回答的问题多。这是因为分析数据集的行为是一个活生生的过程，而不是一个有限的状态。了解一个数据集有点像了解一个人；只是提问和观察的方式完全不同。

首先要口头描述数据集的外部特征。它有多少行？有多少列？图像有多大？有多少词元？有什么功能？是数字的还是分类的？是基于时间的吗？有什么元数据？请确保你对这个数据集的外部特征有清晰的了解。与团队中的其他人谈论它，直到你感到十分自信，并能快速回答有关数据集组成基础的问题。使用常见的数据分析技术，如 Jupyter notebook，生成汇总统计数据和图表,并执行探索性数据分析。

至关重要的是,要问问自己,这个数据集是从什么现实过程中提取的?这个数据集是如何获得的?我们称之为采样机制。如果你是数据分析的新手,尤其刚接触理论研究之外的应用设置中的数据分析,则首先需要理解"并非所有的采样机制都是完美的"。换句话说,你一开始应该先假设数据集可能有问题。你需要批判性地评估数据集的开发方式。它是随机收集的吗?还是所有数据都有一些潜在的相似之处?有什么错误吗?数据分析过程中最重要的部分是消除原始数据本身中的任何潜在错误、不一致、奇怪和错误。你需要确认数据本身确实是有效和可靠的。为什么?因为这种确定性是对从该数据集生成的所有内容的基本保证。如果数据不可靠,工作就不可能可靠。

当你对数据集有一个想法时,在凭经验观察到的结果证明这个想法是真的之前,其被称为"假设"。假设是一个你认为可能对你的数据集或任何现实世界过程都正确的概念。然而,由于目前缺乏实证证据来验证这一假设的确定性,所以暂时无法证明它在客观上是真实的。这就是我们称其为假设的原因!

科学过程的一个核心部分就是学习如何清楚地陈述这一假设。你可以把它说成一个简单的问题,例如"哪个模型能最好地解决这个问题?""以最佳方式解决这类问题意味着什么?",甚至"我们如何提高这一领域的技术水平?"

一旦你有了一个假设(也称为研究目标),你就会想学习"如何设计实验来回答这个问题"。实验设计是一项极具挑战性的技能!这包括评估某些领域的当前研究,考虑其他人已经证明的开放性问题和结果,并试图在这些问题和结果的基础上进行实证研究。在项目结束时,你应该会有明确的经验结果,可以用其证明工作的有效性。后面关于模型评估的章节将对此进行更多讨论,这是一个需要记住的关键主题。

接下来学习如何调整数据集的大小。

2.2.1　使用缩放法则调整数据集的大小

至此，你应该已经完成了数据集的确认，对其有了基本的了解，并能描述它们与你选择领域中的以前的数据集和研究工作的相似之处和不同之处。还好，至少有几篇论文可供在你遇到困难时参考。

本节将探讨数据集应该有多大，才能在预训练或微调项目中产生预期结果，清楚地验证未来的时间和费用开销；还会讨论你希望此数据集具有的某些特征，例如充足的多样性、质量和缺乏重复。第 3 章将全面讲解如何选择正确的模型，包括大小和范围，但本章只专注于数据集。

首先，知道所谓的大模型和小模型与它们运行的数据集中的相应大小之间有很大的差距，是很有帮助的。在任何情况下，都不应该轻率地认为只需要数 TB 和/或数 PB 就可以考虑预训练模型，甚至是那些不适合在单个 GPU 上运行的模型。你要做的只是继续预训练模型(而不必从头开始预训练)，就可以用无监督的数据产生有意义的结果，并且仍然可以实现业务和智力目标。基于具体项目，以及它可能有多么小众和有趣，可以很容易地在不到 1GB 的数据上展示一些有用的工作。因此，不要仅仅因为没有站在所有网络数据的至高点上就犹豫不决；从现在的地方开始，随时出发即可！

接下来，需要学习缩放法则(6)的内容。这是一组关于大模型在不同尺度下如何表现的理论和公式，尤其是幂律。这些公式本身是从不同尺度的经验行为中推导出来的。可以使用它们来确定相对于给定的计算预算，什么模型和数据集大小是最优的，反之亦然。在某种程度上，这些法则及其在 Chinchilla 中的更新版本独立于模型架构本身。这意味着提高模型准确性的最好方法是扩大模型规模，而不是改变模型架构本身。Kaplan 最初在利用 Transformer 模型架构的语言模型的上下文中明确提出了缩放法则。然而，鉴于 GPT-3 论文中的这一经验证假设的准确性提高了 10 倍，我和许多其他人(7)认为有理由在大型语言模型(large language models，LLM)之外探索这种基本关系，尤其是视觉和多模态。

你可能会想，那又怎样？这有什么大不了的？显然，你希望在数据集、计算大小和模型之间实现某种平衡，那么会发生什么呢？Kaplan 的工作之所以是一个突破，是因为有一个有效的公式来量化最优的计算、数据和模型值，可以让你估计模型可能达到的损失范围。换句话说，既然有了缩放法则，就可以用数学方式计算出在给定范围内，模型训练结束时期望的损失值。对于那些计算成本可能高达数十万美元甚至数百万美元的训练来说，这些知识是非常有价值的。OpenAI 在其 GPT-4 技术报告中证实了这一点，声称能在规模变化的情况下准确预测其模型的损失。

这开启了一个新的问题领域。机器学习的其他哪些方面具有可凭经验观察的规律？除了模型本身的内部工作，还可以在物理学的启发下通过其他哪些方式，发现基于数学关系的公式化模式？这很重要，因为今天，绝大多数机器学习都是试错。我们希望某些东西能起作用，就会尝试一下，从实验中学习，然后迈出一步。然而，我相信缩放法则指向了一个未来，在这个未来，机器学习将通过简单、高效和快速的检查(而非长时间的计算实验)得到越来越多的增强。但是如果我们几十年来一直以错误方式思考这个问题呢？

2.2.2　基础——神经语言模型的缩放法则

如果阅读论文 *Scaling Laws of Neural Language Laws*(神经语言定律的缩放法则)，就会发现一个核心概念是它们分析的核心——缩放(或比例)。Kaplan 等人认为，数据集大小或模型大小的变化应该伴随着伴随数量成比例变化。换言之，即应该为更大的数据集使用一个更大的模型，反之亦然。当前，这种关系到底有多强，由什么描述，涉及什么常数，以及应该向上或向下扩展多少，则是他们论文的核心。

虽然知道某个关系是成比例的会有一定帮助，但还是不够。Kaplan 等人提出并证明，神经语言模型的最优缩放遵循幂律。幂律其实很简单；它们只是时间的指数。如果两个量遵循幂律，则可以假设公式的一侧遵循指数变化：

$$L(N,D) = \left[\left(\frac{N_C}{N} \right)^{\frac{\alpha_N}{\alpha_D}} + \frac{D_C}{D} \right]^{\alpha_D}$$

为了估计基于 Transformer 的训练机制的早停测试损失，考虑到数据集和模型的大小，Kaplan 等人提出了以下建议。

先尝试用非常简单的术语来解释这一点：

(1) L = 模型在测试集上早停的最终损失

(2) N = 模型中可训练参数的数量

(3) D = (语言)词元中的数据集大小

此时，你会明白整个公式都是关于计算模型潜在损失的，提前知道这一点就很好！N_C、D_C、α_N 和 α_D 这 4 个参数都描述了必须从数据集和训练机制中发现的常量。这些都是超参数；还要找出一些常数项来描述特定数据集和模型。然而在许多情况下，可以简单地直接使用 Kaplan 等人的文献中提供的常数。

Kaplan 等人通过用缩放法则函数拟合损失曲线，在训练中发现了各种损失的常数值。通过使用核心公式的数学扩展，他们能够准确地拟合学习曲线。得到拟合有助于发现常数，而这些常数在接下来的研究中被证明是有用的。

在现实世界中，一旦进行了一些初步的数据分析，并很清楚训练一个合适的模型需要什么特征，大多数数据科学团队就会立即开始训练第一个模型。这是因为机器学习过程通常是迭代的；你将测试各种方法，看看在给定的时间点上哪种方法最有前景，进行缩放和评估，然后重试。此处将更详细地介绍两个关键主题，这两个主题可以帮助你改进数据集。你可能不会在数据科学之旅开始时就立即实施这些步骤，但随着时间的推移，你应该重新开始这些步骤，以提高工作的整体质量。第一个主题是偏差检测和减少，第二个主题是数据集增强。

2.3 偏差检测和减少

"偏差"一词的发展轨迹很有趣,因为在过去15年里,它绕了整整一大圈。最初,偏差可以说是一个统计术语。从形式上讲,这意味着样本量构建不当,为某些变量赋予了过大的权重。统计学家开发了许多方法来识别和减少偏差,以正确评估研究成果,例如公共卫生中的随机对照试验或计量经济学中的政策评估中使用的方法。基本策略包括确保治疗组和对照组的规模大致相同,特征大致相同。如果不能保证基本的数学等价性,就很难相信研究结果是真正有效的。这些结果本身就存在偏差,只是表明存在或不存在基本特征,而不暗示治疗本身有任何意义。

然而,在过去5年里,大量研究表明,机器学习模型无法在某些特定场景下为某些人群提供服务。最令人震惊的例子包括面部识别、图像检测、就业、司法决策以及其他很多方面。大型科技公司首当其冲,金融机构(甚至公共政策组织)则紧随其后。这些指控是有根据的。数据集中的偏差一直是机器学习中的一个大问题,它对世界各地人类生活的影响到现在已经非常明显,值得进行重大的讨论、解决和监测。如果任何数据集中都存在偏差,那么几乎可以肯定的是,偏差会蔓延到模型本身。模型显然是不客观的,模型实为所训练的数据集的产物。

偏差现在已经绕了整整一大圈;起初用于统计学,现在开始推动机器学习研究。

为了开发和尝试部署一个机器学习模型,尤其是一个有自己预训练机制的大模型,需要了解一些事情。减少偏差的最可靠方法是增加和减少数据集的差异性。这在计算机视觉中尤为明显。如果添加更多特定群体(例如非裔美国人)的图像,模型就能够识别他们。如果没有足够数量的图像,模型就无法在应用程序中进行识别。

对于自然语言来说,这个问题最终变得更具挑战性。这是因为大多数语言数据还没有按不同的社会类别(如性别、种族、宗教和性取向)制成表格。需要为关心并知道要保护的所有类型引入自己的方法,以在数据集中进行识别、比较和汇总。正如你所能想象的，独自一人做这件事是很难的。

识别偏差是迈向负责任的机器学习之旅的第一个关键步骤。一开始，需要能够回答关于数据集的两个关键问题：

- 首先，数据集目前存在哪些类型的偏差？
- 其次，这种偏差会给组织带来多大的风险？

从对客户的影响角度思考风险，特别注意有偏差的机器学习模型的预测。如果模型可能对客户造成伤害，例如拒绝放贷、降低就业申请的级别、推荐有害内容，甚至拒绝保释或其他法律判决，那么一定要把偏差检测和减少作为首要任务！

虽然有各种各样的框架涉及负责任的人工智能，但我们想将其归结为 4 个关键行动。就在有偏差的数据集上训练的机器学习模型中的偏差而言，这 4 个关键步骤是预计、识别、减少和监控。

(1) **预计**：在选择机器学习项目和数据集时，预计每个数据集的根都有某种类型的偏差。问问自己，机器学习模型试图解决什么问题，如果没有足够的某些类型的数据，会遇到什么问题？

(2) **识别**：接着使用各种技术来识别数据集中存在的偏差。确保一开始就知道某些数组具备或者不具备的属性数量。持续努力，直到能够量化至少几种不同类型的偏差指标。识别偏差的建议参见稍后的补充说明"如何进行偏差检测和监测"。

(3) **减少**：一旦从数字上识别出数据集中的偏差，就采取措施减少偏差。对数据集的内容进行有针对性的增加或减少。使用增强、上采样或下采样以及数据转换来降低偏差指标，直到它们达到一个不那么危险的阈值。

(4) **监控**：一旦部署了机器学习模型，冒险就会继续。可使用步骤(2)中的偏差检测方法来监控应用程序中部署的模型。确保应用程序和整体系统设计包括统计监控，并为可接受的统计级别设置阈值。当模型开始达到或超过阈值时，开始手动查看模型预测并启动训练管道。让其他人(特别是那些既有知识又有爱心的人)进入循环，了解情况，是降低有偏差预测的风险的最佳方式。

如何进行偏差检测和监测

既然我们知道偏差很重要，那么该如何从数学上定义它呢？一旦做到这一点，又该如何缓解和监控呢？有很多方法可以做到这一点，我们可以将其归类到多个领域。

表格形式： 检测表格数据中的偏差相当于计算一些统计数据。首先，需要在数据集中设置一些事实的标签，指示某个组内部或外部的状态。值得注意的是，对于许多团队来说，仅这一点就能揭示相当大的问题。然而，逻辑对策很简单。无论是否有列标签将数据指示为特定组的成员，都应预计数据会有偏差。引入标签是识别数据集固有偏差并最终消除偏差的唯一方法。否则，可尝试使用代理(尽管这些都是已知的错误)。

假设有一个标签(如性别或种族)，那么有两种类型的指标——训练前和训练后的指标。一个简单的预训练统计数据是类不平衡(class imbalance)。类不平衡只是优势群体的观察数量减去劣势群体的数量，再除以整体数据集大小。如果类不平衡度太高，则数据集和随后的模型肯定会有偏差。

一个常见的训练后指标是差异性影响，它被简单地定义为弱势群体中积极预测标签的数量除以优势群体中的数量。直观地说，这衡量了模型对不同群体的积极预测的可能性，正如你所能想象的，这在法律等领域至关重要，有一些法律先例曾使用 4/5 或 80% 作为更低的阈值。

视觉和语言： 视觉和语言采用不同的方法。语言模型通常会评估语言模型的习得偏好，以在特定条件下建议设定类别，例如参照某些雇佣标准提议的"男性"或"女性"。

视觉可使用预训练的文本分类器来确保数据集在训练前保持平衡。此外，可清楚地指示模型在检测某些类(如图像识别中的某些群体)时的不良行为。

2.4 增强数据集——多语言、多模态和增强

到此，已经学会了如何选择数据集，将其与研究数据集进行比较，确定适宜的近似大小，并评估偏差，接下来深入研究如何增强数据集。特别

是，我们将关注几个方面——多语言、多模态和增强。这 3 个通常都会在
机器学习项目中延后登场，尤其是在模型的前几个版本已经训练之后，在
你寻觅下一个想法进行提升之时。

就个人而言，我认为多语言对于世界上大多数应用程序而言都是高附
加值。多语言就是指多种语言。虽然许多最先进的语言模型最初仅是在纯
英语文本上训练的，但研究人员在过去几年中已经付出了巨大努力来增加
这些语料库的语言多样性。这意味着他们增加了对许多语言的支持。2022
年，Hugging Face 在全球范围内发起了一场大规模的运动，将大型语言模
型的创建民主化，并称其为 BigScience(8)。这开创了一个新颖的 BigScience
开放科学开放访问多语言模型(BLOOM)。Hugging Face 希望在多语言用例
中提高技术水平，尤其是在零样本语言翻译情况下。然而，在许多情况下，
该模型的性能都不如 GPT-3，以至于让我们认为最好的模型可能只是单一
语言。

坦率地说，掌握多种语言是件好事。对于你开发的任何产品、运行的
任何程序和提供的任何服务而言，一整天下来只能通过语言与潜在消费者
互动。如果把一种语言看作一个市场，那么在开发产品时，就应该把它带
到尽可能多的市场。最终，这意味着尽可能多的语言。因此，我乐观地认
为，该行业终将找到一种更好的方法，在结果不变差的情况下，将多种语
言尽可能合并到同一个模型中。也许这就像在思想链或指令调优的情况下
适当格式化数据集一样简单。

简言之，就是要探索添加其他模式。这意味着不同类型的数据集，例
如将视觉添加到文本中，反之亦然。第 1 章结尾处曾详细介绍了这个概念。
在这里，我想简单地指出，如果你有带图像的文本，或者带文本的图像，
不妨尝试使用它。既然你已经投资了一个项目，花了很多时间分析数据、
训练、评估模型、部署，你为什么不多加努力探索添加其他模式呢？尤其
是当它可提高准确性时。从模型的角度看，另一种模态只是另一种嵌入类
型。你很可能希望使用在其他地方预训练的一些模型，在将原始图像作为
另一个输入添加到模型之前，将原始图像转换为嵌入。

这里需要进行权衡。增加模型的大小将增加其运行时间。增加数据集
也会增加数据转换成本。在数据转换中添加另一个步骤会使托管变得更复

杂，这意味着你可能需要重新访问系统设计以部署模型。所有这些权衡都是值得讨论的，最终，你将需要优先考虑能为团队和客户增加最大价值的项目，这很可能包括仅语言模型。

与仅语言项目相比，我对多模态项目持乐观态度的另一个原因是，视觉领域向人类传递非常多的信息。人类在学会说话之前会先学会看，我们的许多经验和知识都是通过视觉收集的。因此，我相信基础模型将继续围绕视觉加语言的任务进行融合。

最后，数据增强是一个简单易行的步骤，可以提高模型的准确性，而无须添加大量额外的工作。其核心思想是，可以在数据集中添加一定程度的多样性，并在提供的样本中添加微小的变化，这将有助于模型了解信号和噪声之间的差异。文本和视觉都有经过良好测试的增强方法。对于视觉，这通常与像素操作、浅色操作或图像旋转一样简单。

对于文本，这可以是替换同义词、句子级重构或轻量级标点符号修改。诀窍是不要改变试图学习的基本机制。如果正在训练图像检测模型，请不要修改任何图像，使其无法检测到图像。如果正在训练一个文本分类器，则不要对文本进行太多修改，使其变为不同的类别。

在大规模预训练中，增强通常不是问题，因为大多数数据集都很大，且已经包含了足够多的噪声和变化。然而，这似乎是一个特别有希望减少偏差的途径。预训练的另一个关键技术是减少重复文本。这在网络数据中尤其关键，meme、评论和线程可以轻松地在平台和用户之间呈现数百次相同的文本。

至此，已经了解了准备数据的早期阶段，在继续准备模型之前，先来快速回顾一下刚刚学到的内容！

2.5 本章小结

本章介绍了各种基础建模用例，包括可以微调现有基础模型的场景以及预训练本身具有竞争力的场景。我们提供了一个经济实惠的简单框架，来帮助你为预训练项目提供支持，特别是根据更准确的模型将其与你对业务增长的预期联系起来。此后，我们讨论了数据集的评估，将其与研究数据集进行比较，并学习了如何批判性地思考采样机制。我们创立了一些基本理念来应用这种批判性思维构建实验——第 3 章将继续这个话题。讲解了缩放法则，并提供了一个开源 Notebook——可以用于确定在给定固定模型和计算预算的情况下，哪个数据集大小将有助于达到要求的性能水平；讨论了如何检测和减少数据集中的偏差，以及通过增强、模态和语言来强化这些偏差。

接下来讨论如何准备模型！

第3章

模型准备

本章将讲解如何判断哪种模型最有用，且最适合作为预训练机制的基础。你将学会如何设置表示模型大小的参数，选择关键损失函数，以及决定它们影响生产性能的方式，最后，再结合缩放法则与数据集预期大小来设置用于指导实验的模型的大小范围。

本章内容
- 寻找最优基础模型
- 找到预训练损失函数
- 设定模型大小
- 规划未来实验

3.1　寻找最优基础模型

至此，你应该学会如何选择用例，如何找到数据集，以及如何将其与研究数据集进行比较。你应该特别了解如何将该数据集与开源社区中可用的数据集进行比较。现在有趣的部分来了：挑选模型！

最有可能的是，你已经准备了几个候选模型。如果你在使用自然语言，就可能想到生成用例的**生成式预训练 Transformer(GPT)**家族中的一些内容、分类的 BERT 或类似翻译的 T5。就视觉而言，你可能会看到 CoCa(1)、

CLIP(2)或联合掩膜的视觉和语言模型(3)。而多模态数据集则可以直接从视觉示例中选择一个，或者根据特定用例选择更独特的数据集。

第 1 章简要介绍了其中一些最先进的模型，并深入讲解了帮助它们发挥作用的基于核心 Transformer 的神经网络架构。让我们简要回顾一下这些模型中的每一个，并强调它们的重要性。

- **编码器：** 从广义上讲，编码器架构需要很长的输入(如长句子或长嵌入)，并将其压缩为更密集的内容。编码器可以采用长度为 500 的输入，并通过一系列神经网络将其压缩为长度为 50 的输出。仅编码器的模型因 BERT 模型及其后续系列(DeBERTa、RoBERTa、XLM、AlBERT 等)而变得非常流行。DeBERTa 位列其中是因为尽管它更新了注意力机制，使用了一个新的增强掩膜解码器来解缠目标函数，但它通常仍然适用于分类任务。

> **重要提示：**
>
> 如果想让模型更小，并且你确信不需要任何生成能力，那么可以选择一个仅编码器的模型架构。这意味着不应该将此模型计划用于文本生成、零样本性能、摘要和问题回答的最后一步。

- **解码器：** 解码器模型架构与编码器完全相反。它接受密集的输入(如长度为 50 的输入)，并使用可学习的前馈网络将其重新组合回一个更大的空间(如长度为 250 的空间)。本章后面将深入研究它是如何发生的(提示：都是关于预训练损失函数的)。仅解码器的模型随着 GPT-4 模型来到了全球舞台(4)，像 OPT 和 BLOOM 这样的开源选项现在也可供使用了。

  如果你想专注于模型的生成能力，就选择一个仅解码器的模型(如扩散模型)。另外，如果你需要强大的总结、生成高质量图像的能力，那么仅解码器的模型也是可行的。

- **扩散模型：** 如果你想预训练诸如 DALL-E 2(5)、Imagen(6)、Flamingo(7)和 Stable Diffusion 的图像生成模型，可以考虑使用扩散模型。本书后续章节探讨的扩散模型都是非常有趣的训练系统，它们使用多个预训练模型来嵌入联合视觉和语言对，并最终通过

U-Net 连接起来；U-Net 会在训练过程中逐步增加噪声，然后去除噪声。模型比较从提供的描述中生成的图像，并根据图像与提供的描述的差距更新模型权重来学习生成图像。

- **组合编码器-解码器模型**：在同一个神经网络中同时使用编码器和解码器最常见的用例是翻译。这一类别的模型以 T5(8)而闻名，能在非常大的范围内将一种语言中的字符串与另一种语言的翻译配对。T5 后来又演变成 BART、FLAN-T5、M2M、BART、BigBird 等。

确定翻译是用例的核心后，便可选择组合编码器-解码器模型。这可能是根据提示编写代码、总结文档或迁移风格等。

你可以自己想想需要哪一个模型。

3.1.1　从最小的基础模型开始

本章将学习如何使用缩放法则求解模型的大小。然而，在这一点上，引入"基础模型"概念是有帮助的。基础模型通常是可用模型的绝对最小版本。例如，你可以在 Hugging Face Hub 或 GitHub 网站上找到相关的文章。基础模型通常有数亿个参数之多，往往在单个 GPU 上运行，但不会占用很多 GPU 内存，而且在大多数环境中非常适合存储在磁盘上。因为神经网络更小，计算速度更快，并且在最终输出之前需要经过的数据层更少，所以基础模型的生成速度很快。所有这些好处都意味着，将基础模型投入生产并在整个管道中使用会比使用更大的模型容易得多。出于这个原因，在与客户合作时，我强烈建议你尽可能从最小的模型开始进行实验，只有在无法满足所需的功能时才增加尺寸。

稍后将讨论何时、何地以及如何设计包含更大模型的实验。第 14 章将学习如何使用 MLOps 管道来操作这些功能！

3.1.2　权衡——简单与复杂

在应用机器学习时，有助于考虑的一个方面是以下这个维度：简单性与复杂性。一个简单的模型可能更小，更可能有更少的新颖操作，在 Hugging Face Hub 上的文字可能更短，GitHub 问题可能更少，但相关论文更多。从一个简单的工件开始是给团队一个健康开端的好方法。你应该在项目开始时尽早取得成功,而非在起步时就失败。一个具有简单模型的简单项目可能只对 BERT 针对数 GB 的数据进行微调。一旦在某个真实的用例中测试了这一点,且有更多无监督数据时,便可以简单地尝试继续在这个无监督集上进行预训练。

> **重要提示:**
> 从一个简单的工件开始是给团队一个健康开端的好方法。应该在项目开始时尽早取得成功,而非在起步时就遭遇失败。

另一方面,复杂模型可能提升性能,使其超过简单模型的性能。这包括扩大模型、数据集和计算大小,此外包括在整个预处理、训练和部署管道中合并多个模型。

正如本书所述,对于许多用例来说,单独缩放都是一种很有前途的策略。不过,第 10 章还将探入探讨指令微调、思想链调优以及人类反馈的强化学习等技术如何在不必缩放参数大小的情况下提升模型性能。这些都是有希望的趋势!

3.1.3 权衡——应用于许多用例,而非局限于一个用例

在设计整体解决方案或产品时需要考虑的另一个关键是,能够扩展到尽可能多的用例。这遵循了投资回报最大化的基本经济学原理。在这个项目中,你将有两项重大投资:

- 时间
- 计算成本

这两种分配都来自组织,目的是产生一些输出,本例中则是一个模型。该模型能解决的每一个用例都是实现项目价值的潜在途径。每次微调此模型、将其部署到应用程序的生产中、用于下游分析或集成到演示或报告中时,都会为组织创造一种方式,使其从项目投资中获得价值。当项目能够处理尽可能多的用例时,离成功就不远了。

在预训练和微调的情况下，这是一个很容易解决的问题。首先，看看组织中已经部署了多少个模型。如果这些是基于 Transformer 的模型，那么它们很可能是来自某组开源模型的微调工件。请将这些开源模型视为目标范围。你的团队使用 BERT、RoBERTa 或 GPT-2 吗？请选择涵盖尽可能多的下游任务的模型。

或者，如果这些用例具有极高的价值，则可以考虑处理数量少得多的用例。搜索就是一个很好的例子。从电子商务到酒店，从客户服务到产品交付，当搜索引擎获得大量流量时，就可能是一项高价值的业务。搜索是大型预训练模型的顶级应用程序，对于希望利用尖端技术获得最大影响力的新项目而言尤其如此。

3.1.4　找到最优基础模型的技术方法

实际上，以下是我对确定最优基础模型的看法。正如你在第 2 章中所做的那样，列出你希望模型处理的关键用例。看看模型的排行榜，例如第 1 章讨论的那些，看看哪些似乎一直名列前茅。考虑这个模型的基本架构，并将其与顶级用例进行比较。如果你最近发现了一个带有开源代码样本和模型权重的例子，并且它似乎与你正在探索的用例映射得相当好，那么我会从这里开始。

如果你想鞭策自己，试着将该模型的低级别方面重新想象为需要改进的领域。这可能是对神经网络的更新，这些网络的组合，甚至是可能提高你总体目标的自定义运算符。记住，你希望将准确性和效率作为关键指标！

一旦确定了想要考虑的最优基础模型或一组顶级模型，就是时候深入研究这个模型中决定其学习能力的"预训练损失函数"这个关键元素了。

3.2　寻找预训练损失函数

第 1 章就介绍了这个主题，作为预训练目标，或者在视觉中作为代理任务(pretext task)。记住，这些词本质上是同一件事的不同用词：模型在执行自监督学习时将优化的数学量。这是有价值的，因为它会让你接触到过多的无监督数据，平均而言，这些数据比有监督的数据更可用。通常，这个预训练函数会注入某种类型的噪声，然后尝试从错误的数据模式中学习真实的数据模式(与 GPT 一样的因果语言建模)。一些函数会注入掩膜并学习如何预测哪些单词被掩膜(与 BERT 一样的掩膜语言建模)。其他人则用合理的替代方案替换一些单词，以减少所需数据集的总体大小(与 DeBERTa 一样的词元检测)。

重要提示

对模型进行预训练时，使用预训练损失函数来创建模型识别数据集各方面的能力，从而最终预测真伪。

但是可以得到什么? 为什么我们如此关心预训练目标? 它将如何影响项目? 应该关心预训练损失函数的原因是，它是决定模型可以用于何处以及模型性能的主要因素。在 3.1 节中，我们将某些类型的模型架构(编码器、解码器及它们的混合架构)映射到不同的机器学习用例(分类、生成和翻译)。这种映射存在的真正原因正是预训练损失函数!

先来看一下仅解码器的模型，特别是 GPT-3 和类似的候选模型。这里的预训练函数被称为因果函数，因为它从左到右作用。预训练函数提取一些基本的文本字符串(例如半个句子)，然后使用解码器尝试生成句子的其余部分。通常，你会将其与一个客观指标(如困惑度)配对，以考虑生成的字符串与根文本的接近程度。随着训练的继续，神经网络优化了这个困惑度，以改变权重，减少总体损失，逐步提高模型的性能。

有趣的是，基于 GPT 的模型的最新性能，我们开始看到这些模型被应用于各种具有零样本性能的用例中。这意味着，一旦大规模训练了基于 GPT 的模型，就可以将其用于提示场景，而无须提供之前的示例、分类、实体提取、情绪分析、问答等。当你仍在执行文本生成时，严格地说，使用这种方法可以解决的不仅仅是开放式内容生成。

接下来，研究视觉、语言和多模态场景中不同模型的预训练损失函数。

3.2.1 视觉的预训练损失函数——ViT 和 CoCa

我们已经学习了很多关于核心 Transformer 模型架构的知识,相信你已经对它在自然语言处理中的工作方式有了一定的了解。但是计算机视觉呢? Vision Transformer(9)在这个方向上迈出了一步,弥补了 NLP 进步的差距,并将这些进步提供给视觉社区。值得注意的是,视觉 Transformer(Vision Transformer,ViT)表明,卷积可以完全从模型中移除,如图 3.1 所示。预训练的 ViT 减少了训练下游模型所需的计算资源总量,从而获得了与当时基于顶级卷积的方法相当的结果。

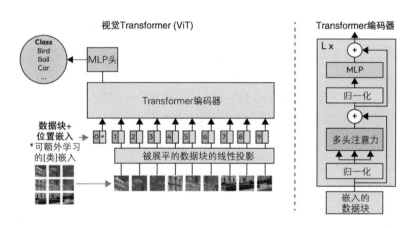

图 3.1 ViT

可以肯定的是,CNN 今天仍然在使用,而且在很多情况下,它们的表现明显优于 ViT。CNN 的核心是很好地维持图像的视觉结构。卷积的核心过程是将图像的所有像素从左到右、从上到下渲染成密集的表示。这种方法的一个好处是**归纳偏差(inductive bias)**,这是模型在训练时为像素之间的关系开发的一种学习偏好。这也是为什么 CNN 能很好地学习视觉的核心部分。ViT 缺乏这种能力,反倒是使用像素作为词元。由于其核心的自注意力操作,ViT 失去了扩展的一些好处,但 CNN 可能在较小的数据集和模型中更常见。最近的研究工作(5)已经开始弥补与 ViT 的这一差距,给其带来归纳偏差。

这是如何工作的呢？通过一个编码器！该解决方案从一种可以展平(flatten)输入的基本数据处理技术开始。获取一张 2D 图像并简单地将其重塑(reshape)为一系列经过展平的 2D 数据块(patch)。然后，编码器会应用线性投影过程将图像的所有部分合并为一行，包括位置项，因此内容的位置对模型来说仍然是已知的。该单行被馈送到自身使用自注意力过程的Transformer 编码器。编码器会减小行的大小，直到它到达最后一行，即标签。然后，该模型会选择可用类中的一个。最后，损失函数与实际情况相结合，为模型提供了一个可学习的信号，以更新其权重并提高下一个迭代周期的准确性。让我们来看看这个过程。

值得注意的是，ViT 仍然是一个有效的监督学习过程。显然，这里的学习方法依赖于提前知道的标签。这与标签未知的语言预训练制度有很大不同。但这种基本视觉迁移仍然可以提高下游模型的准确性，因此值得评估。虽然有一些项目(10)尝试在视觉中使用真正的无监督方法，但就我个人而言，我还没有在视觉中看到这种方法明显优于有监督方法的案例。也许这正是这两个领域之间的核心区别。也许下个月我会被证明是错的。

另一个对视觉领域至关重要的预训练损失函数是对比函数。第 1 章曾介绍了这一点，但现在我想带你深入了解。我们将重点介绍一个模型：CoCa。有趣的是，作者试图统一我们迄今为止提到的所有 3 种模型架构：仅编码器、仅解码器和混合编码器-解码器。他们训练的模型能够解决用例，如视觉识别、视觉语言对齐、图像描述、端到端微调、冻结特征评估和零样本迁移的多模态理解(本书稍后将详细介绍零样本)。事实上，CoCa 使用了两个预训练目标：一个处理图像，另一个处理文本。

工作流的图像部分看起来与 ViT 相似；它会获取一张图像，应用展平处理，并将其输入编码器。事实上，CoCa 的基本实现默认使用 ViT！然而，这些密集阵列不是直接在编码器末端产生分类，而是以两种方式使用：

- 第一，作为最终解码器的输入；
- 第二，作为中间损失函数的输入。

这称为**对比损失(contrastive loss)**，因为它有效地将视觉内容与文本进行了对比。然后，最终输出应用了**描述损失(captioning loss)**，增加在模型到标签或者描述、提供的图像的最终阶段产生的文本的准确性，如图 3.2

所示。这就是为什么该模型被命名为 CoCa(Contrastive Captioners)。

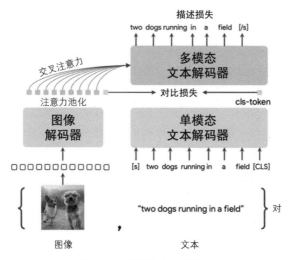

图 3.2　对比损失和描述损失

工作流的语言端是一个解码器。解码器获取所提供的文本输入，例如图像的原始描述。此外，它应用了另一个展平过程来标记和嵌入单词，为解码器做好准备。接着，解码器会降低单词的维数，输出描述的更密集的表示。然后将其作为对比损失函数的输入，更好地实现图像和文本之间的联合比较。

$$L_{CoCa} = \lambda_{Con} \cdot L_{Con} + \lambda_{Cap} + L_{Cap}$$

这是 CoCa 的加权损失函数：

L_{CoCa} =CoCa 的总损失

L_{Con} =对比损失

L_{Cap} =描述损失

λ_{Con} =加权对比损失的超参数

λ_{Cap} =加权描述损失的超参数

最后，整个模型使用两个损失函数的加权组合作为全局损失函数。你会问，是如何确定权重的？过程非常粗糙，实验几乎完全取决于手头的数据集和任务。只有使用 CoCa 来解决一个视觉数据极其丰富但语言数据非常薄弱的用例，才会考虑从更高的对比损失权重开始。然而，如果语言数据从起初就很好，而视觉数据信息量很小，就可能会从更高的描述权重开始。

通过这种方式，便可以开始了解如何为模型选择超参数。这是后面不同章节的主题，现在，你应该着力培养一种直觉，即这些模型中的每一个的精确实现都可以根据数据集和用例进行高度个性化。阅读这些论文并了解这些最先进的模型是如何工作的，这是一个有助于为你自己的分析和理解提供更多深度的步骤。你可以也应该应用这些知识，以在工作中获得回报！

3.2.2 语言中的预训练损失函数——Alexa 教师模型

此时此刻，你应该对我们讨论的掩膜语言建模感到非常满意，特别是它如何使仅编码器的模型在 BERT 等语言中发生。你还应该了解启用了 GPT 等纯解码器模型的因果语言建模。接下来，让我们来看看当把两者混合在一起时会发生什么！

Alexa 教师模型(11)在写本书的几周前刚刚问世，作为一名亚马逊人，我可以告诉你，看到一个大型语言模型从自己的组织中诞生时，感觉很棒！但这并不是我在这里提到它的唯一原因。我认为你应该了解 Alexa 教师模型(Alexa Teacher Model，AlexaTM)的两个原因如下。

- 首先，它使用了一个叫作少样本学习的概念，可以很容易地将关于人类言语交流的知识从一种语言迁移到另一种语言。正如我们将在第 13 章中了解到的那样，少样本学习意味着可在推理中向模型传递一些例子。这几个例子在促使模型做出更准确的反应方面发挥了神奇的作用。这对语言特别有用，因为它允许语言研究人员为低资源语言开发解决方案，从而在相关社区中实现一些数字技术。

- 其次，使用这种少样本学习方法，在相同的问题上，200 亿参数版本的 AlexaTM 能够在 540B 时胜过 27 倍于其大小的模型

PaLM(12)。这是一个内化的关键时刻，我希望这些年我们会继续
看到更多趋势。虽然在机器学习模型中，有时越大越好，但事实并
非总是如此，有时甚至更糟。记住，较小的模型训练更快，更容易
使用，推理更快，因此如果准确度相同或更好，请始终使用较小的
模型。

现在，它是如何工作的？与 CoCa 的例子类似，一个损失函数是因果
语言建模，简称 CLM。在这里，CLM 过程试图预测句子的结尾。现在，
AlexaTM 20B 将其与去噪损失函数相结合。在 BART(13)中，去噪过程是
作为一种联合学习编码器和解码器组合的方式引入的，特别是通过引入噪
声。通过编码器引入掩膜，故意破坏给定的文档。然后要求解码器预测文
档是原始文档的可能性。事实上，添加噪声，然后试图区分噪声和真相的
过程与一般的对抗性学习有点相似。图 3.3 显示了 Alexa 教师模型。

图 3.3　Alexa 教师模型

有趣的是，AlexaTM 20B 只有 20%的时间使用 CLM 预训练目标。这
是为了见识该模型在少样本情况下良好工作的能力。在此期间，模型根本
不产生噪声；只是试图完成句子。这是通过提供给 20%的句子[CLM]的开
头的信号来表示的。作者还随机为模型提供了 20%和 80%的文档，以确保
它在短期和长期情况下都表现良好。为了快速开始训练，他们还从一个 10B
预训练编码器开始，在达到 100000 步后将其解冻。整个过程在 128 个 A100
GPU(NVIDIA 硬件)上花费了 120 天，这意味着在 Amazon SageMaker 分
布式训练上仅转换为 16ml.p4d.24xlarge。关于 SageMaker 的更多训练即将
到来！

AlexaTM 中的 Teacher 指的是一种被称为蒸馏(distillation)的过程。蒸馏是另一种迁移知识的方式,与微调相仿。通常在微调中,会将额外的层附加到较大的基础模型上,然后在较小的监督数据集上运行它。而在蒸馏中,则是将一个较大的教师模型与一个小得多的学生模型配对。然后训练学生模型以生成与教师模型相同的概率分布,但计算成本要小得多。整个第 10 章专门介绍了微调模型的方法,并附带了编码示例。

3.2.3 更改预训练损失函数

到此,已经详细探讨了视觉、语言和多模态场景中的一些顶级预训练损失函数,你可能仍有一些疑虑:是这样吗?我该如何处理这些信息?

这个问题的答案很大程度上取决于你的机器学习经验的多少。如果刚刚开始,那么当然不需要在项目的这方面过于投入。只需要选择顶级模型,了解它是如何学习的,然后继续项目。然而,随着水平的提高,则可以开始尝试预训练损失机制本身,这非常棒!随着你在机器学习中的成长,特别是作为一名开发人员或科学家,将自己的新颖想法贡献给社区将变得非常有价值。发明新的预训练损失函数,或者在整个建模过程中遇到的任何新的优化,都是非常有价值的且有深深的满足感。在这里,你可以在确定的领域,甚至可能是你自己发明的新领域,真正建立一种新的技术状态!

3.3 设定模型大小

到此已经选择了最优的基础模型,了解了它的预训练机制,并在上一章中确定了数据集及其总体大小,让我们开始了解你可以设定的模型的大小!

你可能还记得,第 1 章介绍了一个称为缩放法则的核心概念。Kaplan 等人在 2020 年提出的这一大胆想法表明,计算训练集群、数据集和模型的总体规模之间存在正式关系。在 Kaplan 之前的大多数机器学习从业者都知道这三者之间存在普遍的关系,但 Kaplan 的团队承担了通过幂律实证这一点的大胆任务。

　　你需要理解的基本内容可以用一个简单的图形来演示，如图 3.4 所示。为了训练好你的模型，无论是在产生最高准确度方面，还是在从你的整体计算预算中获得最大价值方面，将以下关键项视为一种基本关系是很有帮助的。

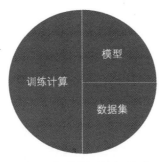

图 3.4　机器学习的相互关系

　　就我个人而言，我觉得从视觉上思考这一点很有帮助。模型了解真实世界的基本方法是通过数据集本身。当然，你可以看到，随着模型大小的增加，你希望数据集也能增加一些容量。随着数据集的增加，模型也应该在一定程度上增加。

　　你甚至可以从人类学习的角度来思考它。随着人们获得更多的经验、更多的知识和更多的理解，大脑实际上也建立了新的途径来解释、存储和学习这些经验。新体验越多，解决的问题越多，大脑也会得到相应的进化来存储必要的信息。另一方面，随着经验和新挑战的减少，大脑则失去了一些弹性来做出同样的反应。这是一个生物优化工作的例子！

　　为了进行此类比，可以把人类生活经历比作一个数据集。每一个新的挑战、新的关系、新的体验和新的问题都像是向数据集添加额外的记录和内容。同样，人脑就像一个模型，身体会通过最近的经历动态处理大脑中的构建和释放途径。身为计算机科学家的我们正试图通过一个称为训练的过程用代码复制这个过程。

　　就视觉、语言和多模态场景的预训练而言，了解这种关系仍然适用。如果将一个大而复杂的模型与一个小的数据集配对，那么模型很可能会过拟合。过拟合意味着可能在训练集上获得极高的准确性，但完全不能很好地泛化，也不能在训练过程之外提供有意义的结果。相反，如果将一个很小的模型与一个超大的数据集配对，就很可能会欠拟合(underfitting)。这意味着模型甚至可能在训练集上都表现不佳，更不用说在其他地方了。

将计算与模型和数据集大小配对都与成本优化相关。水平扩展存在固有的权衡，这意味着向集群添加更多的计算。这与垂直扩展不同，垂直扩展意味着将实例升级到更大的、更新的版本。大多数团队都能找到一种自然平衡：在一个模型上投入尽可能多的机器以降低运行时间，但要多花几天、几周甚至几个月的时间来完成训练运行。你要在这两者之间找到一个自然的中间地带。我们将在第 5 章中深入研究这些主题，包括核心分布方法(如模型和数据并行)。

案例研究——Amazon Search 通过分布式训练将运行速度提高了 7 倍

在速度和每小时成本之间找到自然平衡的一个很好的例子是 Amazon Search！如你所预想的，搜索团队负责帮助你在 Amazon 网站上找到你最感兴趣的产品。每次你想在亚马逊上找东西的时候，这个查询都会通过搜索引擎找到你要找的东西。

科学家和开发人员重视快速迭代的能力。他们喜欢尽快测试想法，获得反馈，并迅速迭代到下一个版本。这使他们能够优化，或者简单地快速改进想法。在实验中保持敏捷有助于降低研发的总体成本，因为这可以减少从最初的产品构思到全面发布所需的时间。

在 Amazon，SageMaker 与 Search 合作，通过优化的节点间通信项目 Distributed Data Parallel 发布了对 PyTorch Lightning 的本地支持。因此，Search 能够从 1 个节点的训练增加到 8 个节点，将训练的总时长从 99 分钟减少到 13.5 分钟！

Amazon 没有改变模型大小或数据集。保持两者不变，只是添加了一个数据并行策略来复制模型，并将数据共享给所有加速器(GPU)。这允许它们水平扩展，为集群添加额外的节点，并减少总体作业时间。

后续章节将深入研究这些分布式概念，但现在，只需要知道，当你在集群中使用具有额外节点的分布式策略时，可以减少训练模型所需的时间。

3.3.1　解决模型大小问题的实用方法

现在，你已经很好地理解了数据、模型和计算大小之间的关系，接下来继续了解哪些最适合你！

大多数团队会考虑计算预算，把这个数字看作推动主管领导批准项目的计划。但是实则应该参照第 2 章讲解的，将这个数字视为提高准确性对业务产生的整体价值的一小部分。

另一个真正的瓶颈是数据集的大小。应计算出候选数据集有多大：在视觉模型中是计算图像；在语言模型中则可以数词元。我更喜欢以 GB 为基准，因为这很容易理解，并且可以跨域迁移。一般来说，一个好的入门方法就是找到你深受启发的模型和论文，深入研究它们，了解它们的数据集有多大，并将其作为基准。数据集大小从 10GB 到几个 PB 不等。对于那些刚接触机器学习的人来说，这是一个很好的起点。遵循经过验证的专业知识的标准路径是启动成功项目的好方法。然而，对于那些不熟悉机器学习的人来说，则需要快速了解一下如何使用缩放法则来求解最优模型大小。

3.3.2　并非所有缩放法则的效果都相同

模型、数据和计算大小之间的一般关系是直观易懂的，但精确的数学公式则可能有很大的差异。正如第 2 章所述，Kaplan 使用了数学术语∝来表示两个量彼此"成比例"。换句话说，当两个量被成比例符号连接在一起，就知道这两项肯定是关联的，但不知道具体是哪个常数项决定了这种关系。

大型深度学习模型皆是如此。不同的论文和研究术语对此的某些方面有偏好，例如 Kaplan 倾向于保持模型较大，但数据集略小；Hoffman 则建议两者平等增加。Kaplan 最初提出了自回归模型，或基于解码器的模型，作为最有效的样本。然而，AlexaTM 项目表明，联合编码器和解码器实际上可以更有效。所有这些都意味着，虽然缩放法则可以建议最佳的模型设置，但结果会有所不同。

接下来，让我们试着定义你想在实验中建立的模型的下限和上限大小。

3.3.3 规划未来的实验

现在，你已经知道了在计算预算和数据限制的情况下想要的目标模型大小，那么接下来可以学习如何将每一次工作视为一次实验。从根本上讲，机器学习过程的每个阶段最终都是一个独特的实验。对项目中每个阶段的一些投入保持不变的可以称为因变量；而对项目的一些投入发生了变化的则是自变量。在项目中培养技能需要时间。简单地说，改变一些事情，看看会发生什么。只要确保只改变了一件事，那么凭经验就能清楚结果是什么！

重要的是要明白，不要在整个项目范围内同时进行所有的改变。这在很大程度上是因为培养技能需要时间。即使你拥有一个经验丰富的团队(坦率地说，这种情况也很少发生)，机器学习的生态系统本身变化如此之快，以至于每隔几个月，也要学习一些新东西。因此，要计划留出一些额外的时间来了解所有最新版本。

一开始，尽可能从最小的实验开始。让模型的最小版本在本地 IDE 上运行。根据型号的大小和需要的相应硬件，可以在各种计算选项上进行此操作，从 Jupyter notebook 和更鲁棒的选项到你的计算机、免费计算实验环境等。在 AWS 上，我们通过完全托管的机器学习服务 Amazon SageMaker 提供了各种选择。

在数据集的一小部分上展示了有趣的结果后，我喜欢直接进入远程 SageMaker 训练工作。你将在第 4 章中了解有关 SageMaker 训练的更多信息，但目前，我只想让你知道，可以在 Amazon SageMaker 上轻松无缝地扩大和减少训练需求。本书中所有的实践指导都将集中在如何有效地做到这一点上。就项目而言，可以考虑使用 SageMaker 训练 API，直到成功运行作业为止。我会一直这样做，直到你在一个具有多个 GPU 的实例上运行：我的目标是具有 4 个 GPU 的 g 系列。这可以是 ml.g4dn.12xlarge，也可以是 ml.g5.12xlarge。后续章节中会介绍更多关于这意味着什么的内容！使用多个 GPU 将需要数据和/或模型并行化策略，这是第 5 章的全部内容。

一旦你成功地跨多个 GPU 且在 SageMaker 完成了远程训练，就是时候增加一切了。增加数据的大小。记住，除了模型架构本身，模型、数据、计算和关键超参数(如学习率和批大小)都是相互关联的。找到合适的设置是第 7 章的全部内容。

一旦开始增加，就会出现额外的并发问题。你想确保损失充分减少，但也想保持 GPU 的高利用率。你希望调试和改进作业中的操作和通信，但也希望评估训练吞吐量。当工作中断时，你还想尽快但准确地恢复工作。

深入研究这些细微差别，解绑它们，助推项目重回正轨，避免尽可能多的障碍，并利用尽可能多的已知问题，这是第 3 部分的全部重点。

简言之，预训练大型模型有许多不同的离散阶段。整本书旨在帮助你安全地驾驭它们。第 4 章将深入研究 GPU 本身，并揭示如何最好地利用这些高效处理器，也称为加速器。

3.4　本章小结

本章讲解了如何寻找最优的基础模型，包括架构的基础知识以及最常见的用例和模式，并展开了从最小模型开始的一般性指导；深入讲述了关键的权衡(如简单性与复杂性)，对比应用多个用例与仅应用一个用例的不同；讨论如何在良好支持下创建基础模型；介绍了如何定义预训练损失函数，包括掩膜语言建模、因果语言建模，以及 ViT 和 CoCa 等视觉模型中常见的建模；研究了 Alexa 教师模型，并在 Amazon Search 的案例研究的帮助下，学习了如何使用缩放法则来求解模型大小。

你将在下一章学习如何使用加速器!

第 II 部分
配置环境

第 II 部分学习如何为大规模预训练配置环境,深入研究**图形处理单元 (GPU)**、并行化基础知识和数据集准备(第 2 部分)。

本部分的内容如下。

- 第 4 章:云容器和云加速器
- 第 5 章:分布式基础知识
- 第 6 章:数据集准备:第 2 部分

第 *4* 章

云容器和云加速器

本章讲解如何将脚本容器化，并针对云加速器对其进行优化。其中将介绍一系列基础模型加速器，包括整个机器学习生命周期中围绕成本和性能的权衡；讲解 Amazon SageMaker 和 AWS 的关键知识点，以便在加速器上训练模型、优化性能和解决常见问题。如果你已经非常熟悉 AWS 上的容器和加速器，可以直接跳过本章。

本章内容

- 什么是加速器？为什么它们很重要？
- 在 AWS 上为加速器封装脚本
- 在 Amazon SageMaker 中使用加速器
- AWS 上的基础设施优化
- 加速器性能故障排除

4.1 什么是加速器，为什么它们很重要

人类行为有一些值得注意的地方。我们非常关心自己的经历。许多艺术和科学，特别是社会科学，专门研究量化、预测和理解人类行为的含义和特殊性。其中最明显的是人类对技术性能的反应。虽然这在不同的人类群体中肯定有所不同，但对于选择花相当大一部分时间与技术互动的部分

人来说，有一个定理是不言而喻的，即越快、越容易，就越好。

以电子游戏为例。早在 20 世纪 40 年代和 50 年代就出现了一批最早的电子游戏，但直到 70 年代早期 Pong 等街机游戏出现后，电子游戏才开始流行起来。不出所料，这几乎与 1973 年最初的图形处理器单元(GPU)的推出时间完全同步！1994 年推出了带有索尼 GPU 的 PlayStation1。我小时候花了很多时间在任天堂 64(Nintendo 64)的游戏上，我超爱 Zelda(塞尔达)、Super Smash Brothers(超级粉碎兄弟)、Mario Kart 64(马里奥赛车 64)等游戏的图像性能！如今，你只需要看看 Roblox、League of Legends(英雄联盟)和 Fortnite(堡垒之夜)等游戏，就能理解图像性能对游戏行业的成功有多重要。几十年来，游戏一直是 GPU 市场上最重要的信号之一。

再来看后来的机器学习。第 1 章讲解了 ImageNet 数据集，并简要介绍了其 2012 年的冠军 AlexNet。为在大型 ImageNet 数据集上有效地训练模型，作者使用了 GPU！当时，GPU 非常小，只占用 3GB 的内存，因此它们需要实现模型并行策略，使用了两个 GPU 将整个模型保存在内存中。这些增强，加上其他修改，如使用 ReLU 激活函数和重叠池化，使 AlexNet 以压倒性优势获胜。

自从 10 多年前取得这一成就以来，大多数最好的机器学习模型都使用了 GPU。从 Transformer 到强化学习，从训练到推理，从视觉到语言，绝大多数最先进的机器学习模型都需要 GPU 以最佳方式执行。对于适合处理的类型而言，GPU 可以比 CPU 快多个量级。在训练或托管深度学习模型时，使用 GPU 或 CPU 的简单选择往往会使完成任务的时间相差数小时或数天。

我们知道，与标准 CPU 处理相比，GPU 有很多确定的好处，但如何做到呢？它们在基本层面上有什么不同？这个答案可能让你大吃一惊：分布式！让我们看看图 4.1 来了解 CPU 和 GPU 之间的差异。

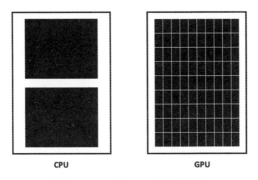

图 4.1　CPU 和 GPU 之间的差异

　　CPU 只有几个内核，但有很多内存。这意味着它们一次只能做几个操作，但可以很快执行这些操作。这意味着低延迟。CPU 的操作几乎就像一个缓存，擅长处理大量依赖交互的任务。

　　相反，GPU 有数千个内核。例如，NVIDIA 的 GH100 芯片有 18432 个核心。这意味着它们吞吐量高，擅长同时处理许多运算，例如神经网络中数百万到数十亿个参数的矩阵乘法。

　　难道我们不关心低延迟和高吞吐量吗？当然关心，绝对关心！这就是今天使用的大多数计算，从手机到计算机，从 Notebook 实例到训练最先进模型所需的实例组，都使用 CPU 和 GPU 的原因。问题是如何使用？

　　编写一个程序成功地在数以万计的微处理器上运行复杂的操作并不是世界上最容易的事情。这正是为 GPU 编写代码，需要一个专门为操作的超分布构建的专用软件框架的原因。CUDA(NVIDIA 的计算统一设备架构，Compute Unified Device Architecture)会从消费者那里抽象出底层分布式微处理器的编排，使他们能够利用大规模的分布方式，而不必成为其特定架构的专家。CUDA 分为两部分：直接与硬件协同工作的驱动程序，以及向开发人员公开该硬件的工具包。例如，Python 可以直接使用 CUDA。PyTorch 和 TensorFlow 也与 CUDA 相互作用。

　　NVIDIA 当然不是唯一一家提供高性能分布式微处理器的供应商。加速器是类似于 GPU 的大规模并行处理单元，可从亚马逊(Inferentia 和 Trainium)、谷歌(TPU)、英特尔(Habna Gaudi)、AMD(ROCm)等公司获得。

然而，每一个都需要专门的步骤来利用底层分布式硬件。虽然这些应用于你的用例时有明显的优势，但在写给初学者的图书中，我们仍坚持使用GPU。第 9 章将深入探讨亚马逊加速器 Trainium 和 Inferentia 的使用。

现在你已经了解了加速器，下面介绍如何使用它们！

4.2　准备使用加速器

首先，我们学习如何使用加速器。

(1) 获取。如果事先未接触 GPU，就肯定无法在 GPU 上训练模型。幸运的是，这里有一些免费选项供你选择。我在亚马逊的一个项目(SageMaker Studio Lab)实际上就是为此编写原始文档。Studio Lab 是在云上运行免费 Jupyter Notebook 服务器的一种方式。如果你想在 CPU 或 GPU 上使用免费的笔记环境，存储文件，与他人合作，并连接到 AWS 或任何其他服务，Studio Lab 是一个很好的入门方式。

(2) 使用容器。一旦使用 Jupyter Notebook 并尝试运行一些示例代码，就会意识到一切都取决于安装正确的软件包。即使安装了软件包，将它们连接到 GPU 也取决于笔记中的 CUDA 安装情况。如果试图使用的 PyTorch 或 TensorFlow 版本不能很好地与特定的 CUDA 安装配合使用，那就倒霉了！

因此使用正确的容器作为基本镜像是开始开发的完美方式，对于 GPU 上的深度学习而言尤其如此。AWS、NVIDIA、PyTorch 和 TensorFlow 都提供了基本图像，你可以使用这些图像开始使用深度学习框架。在 AWS，我们有 70 多个跨多个框架的容器以及这些框架的主要版本(2)。我们在 CPU、GPU、训练、托管、SageMaker 和容器服务中提供这些容器。

你会问，什么是容器？想象一下，用 5 个、10 个、15 个甚至 100 多个软件包编写一个 Python 脚本。安装所有这些软件包都非常耗时且容易出错！成功地安装一个软件包都是很难的。怎么做呢？通过容器！容器是一个强大的工具。学习如何让它们成为你的朋友。

现在你已经对使用容器有了一些概念，特别是它们如何作为模型和GPU 之间的媒介，接下来讨论在哪里运行 GPU。

在这里，我想强调的是，很明显，我在 AWS 工作了很多年。我喜欢
AWS！对我来说，这是一个提升技能、了解世界、练习深度学习、服务客
户以及与一些了不起的人合作的好地方。我还花了很多时间思考在云上运
行计算与在本地运行计算之间的权衡。事实上，在 AWS 工作之前，我曾
就职于多个不同的组织：几家初创企业、一家银行、一所大学、餐馆、政
策性组织和一家非营利组织。每一家公司处理计算的方式都略有不同。

购买计算机存储在本地似乎是一个更安全的做法。重要的是，钱花得
看得见摸得着——得到了一些实物！你不需要付费就可以使用这台机器，
而且它似乎更安全。毕竟，你可以把它藏在桌下。它会给你带来什么？

在本地运行计算存在如下 5 个大问题。

- 第一个问题是后勤保障。假设你确实购买了一批带有 GPU 的本地
  服务器。你会把它们放在哪里？你如何将它们与计算机相连？如何
  降温？如何提供足够的电能？如果在实验过程中，房间的电源断供
  了，你会怎么办？你还需要等待 GPU 的投递，然后，需要将它们
  安装好，置入不断增长的本地数据中心。很快，这些辅助任务就会
  演化成你的全职工作，如果要为整个组织运行这些任务，你至少需
  要一个团队。

- 第二个问题是规模。假设你前期只买了 8 个 GPU。你可以运行一
  些实验，一次执行一个。但是，如果你有一个更大的全新项目该怎
  么办？如果只有 8 个 GPU，就会处处受限，无法在其他地方进行
  其他实验。此时，大多数人就想用更多 GPU 进行额外实验，这便
  导致了第三个问题。

- 第三个问题是利用不足。当晚上不训练模型时，那些昂贵的 GPU
  就会被闲置，这是一种很大的浪费。夜以继日地持续进行实验，
  GPU 的利用率才会更高。然而，组织斥巨资在昂贵的 GPU 基础设
  施上，却发现实际上客户寥寥无几，这太司空见惯了！通常，只会
  看到一小部分超级用户，以及偶尔登录的对此不太感兴趣的用户。

- 第四个问题是资金。硬件的更新速度较快。许多公司每年都会全力
  投入到发布更新、更快、更好的硬件版本上。每年，你都可能期望
  看到最新版本的性能提高，在本地 GPU 上投入了大量资金，却只

看到它们在几个月内被弃用，这种感觉并不好。这也会给你的实验带来风险；如果不能从计算预算中获得最大的性能，就可能无法产生最先进的结果。

- 第五个问题是碳排放。你对供电电网的能源类型了解多少？它是可持续的吗？所有这些 GPU 会给社区增加多少碳排放，会增加多少费用？亚马逊实际上是世界上最大的可再生能源企业买家，对区域供电的电网非常谨慎；迁移到 AWS 云可将数据中心的碳排放减少多达 80%，一旦使用 100%的可再生能源，就可减少高达 96%的碳排放。

在 Amazon SageMaker 上运行 GPU 的另一个好处是，如果没有运行作业，就不会为实例付费。当使用 SageMaker 训练机器学习模型时，GPU 只有在训练模型本身时才会联机。这意味着，仅仅因为系统架构的原因，通过转移到 SageMaker，整体 GPU 利用率会显著提高。大多数数据中心并不是为深度学习训练真正需要的动力而构建的，因为不训练模型时，节点仍在运行！同样的逻辑也适用于 Amazon EC2。

最后，你需要确保项目确实使用 GPU。这比听起来的要复杂得多。首先，软件框架本身需要连接到底层的 CUDA 内核。因此，你需要使用一些工具来确保 GPU 的利用率尽可能高。以下是各种技巧，你将在本章稍后学习这些技巧，以深入了解这些主题。

既然你已经学会了如何准备使用加速器，接下来就学习如何在 Amazon SageMaker 上使用它们吧！

如何在 AWS 上使用加速器——Amazon SageMaker

正如前文所述，AWS 是一种获得 GPU 的好方法，无须提供、存储、物理防护和维护 GPU。下面来看看一种简单、高效、高性能的方式，利用 AWS 上的 GPU——Amazon SageMaker。要明确的是，SageMaker 当然不是在 AWS 上运行 GPU 或加速器的唯一方法。不过，这是我个人的最爱，因此从这里开始。

有许多书籍、博客文章、网络研讨会和 re:Invent 会议专门介绍和讨论

SageMaker。我自己在 YouTube 上也有一个 16 个视频系列，你可以从那里了解更多！然而，就本书而言，我想让你了解 SageMaker 的 3 个关键部分：Studio、Training(训练)和 Hosting(托管)。每一个都归结为一个共同点：实例。

实例是用来描述 AWS 中的虚拟机的术语。该服务被称为弹性计算云，或称 EC2。每次打开虚拟机时，我们都将其称为实例。你过去可能用过 EC2 实例，例如在 AWS 控制台中打开它们，将 SSH 放入其中，并尝试编写一些代码。但当你需要改变尺寸时，你不是觉得有点沮丧吗？下载日志或输出怎么样？共享你的笔记？更不用说你忘记关掉机器时看到账单后的惊讶了！

现在，如果我告诉你，有一种简单的方法可以围绕你自己的数据科学工作产品运行笔记、训练模型和构建业务应用程序，而不需要真正管理底层基础设施，那该怎么办？你可能会感兴趣，对吧。

这就是 SageMaker 的核心理念。通过让你在一块显示屏方便地运行笔记、模型、作业、管道和流程，使机器学习普及化、大众化。SageMaker 还提供了极高的性能和可接受的价格。接下来介绍 SageMaker 的一些关键部分。

SageMaker Studio

SageMaker Studio 是 AWS 的旗舰开发环境，与机器学习完全集成，对支持用户界面的计算与运行笔记的计算进行了解耦。这意味着 AWS 自动按用户管理 Jupyter 服务器。它包括大量专门为机器学习构建的功能，如 Feature Store、Pipelines、Data Wrangler、Clarify、Model Monitor 等。

然后，每次创建一个新的 Jupyter Notebook 时，都会在专用实例上运行它。这些被称为内核网关应用程序(Kernel Gateway Application)，允许你无缝地运行许多不同的项目，具有不同的包需求和不同的数据集，而不必离开你的 IDE。更棒的是，Studio 中的笔记非常容易升级、降级和更改内核。这意味着你可以从 CPU 切换到 GPU，或者切换回来，而不会有太多的工作中断。

SageMaker Training

现在，你对如何在 SageMaker 上运行笔记有了一些想法，但对于具有分布式训练的大规模作业呢？

对于本主题，我们需要介绍 SageMaker 的第二个关键支柱：训练。SageMaker Training 支持轻松定义作业参数，例如需要的实例、脚本、包要求、软件版本等。因此，当拟合模型时，会在 AWS 上启动一组远程实例来运行脚本。默认情况下，所有元数据、包详细信息、作业输出、超参数、数据输入等都会进行存储、搜索和版本控制。这可以让你轻松地跟踪你的作业、复制结果，并找到实验细节，甚至在作业完成后的几个月和几年仍然可以轻松做到。

此外，AWS 还投入了大量资金来更新训练后端平台，以实现极端规模的建模。从 FSx for Lustre 的数据优化到分布式库(如 Model 和 Data Parallel)，AWS 正在使下一代跨视觉和文本的大型模型能够在 AWS 上无缝训练。第5 章将对此进行更详细的介绍。我们将在本书中分析的大多数 GPU 都属于 SageMaker Training。

SageMaker Hosting

最后，还可在 SageMaker Hosting 上运行 GPU。当你想要在核心模型上构建一个可扩展的 REST API 时，这是非常有价值的。你可以使用 SageMaker Hosting 端点来运行搜索体验、提供问题和答案、对内容进行分类、推荐内容等。SageMaker Hosting 支持 GPU！更详细的介绍参见第 12 章。

现在你已经了解了 SageMaker 的一些关键支柱，让我们来分解一下所有支柱背后的概念：实例。

SageMaker 在 GPU 上的实例分解

截至 2022 年 11 月，我们在 SageMaker 上支持两个具有 GPU 的主实例系列、两个自定义加速器和 Habana Gaudi 加速器。这里将分析如何理解所有实例的命名约定，还将描述你可能使用这些实例的目的。

所有实例的命名约定实际上包括 3 部分：前缀部分、中缀部分和后缀部分。这里以 ml.g4dn.12xlarge 为例进行说明。ml 部分表示它实际上是一个 SageMaker 实例，因此你不会在 EC2 控制平面中看到它。g 部分告诉你实例是哪一系列计算的一部分，尤其是计算本身的类型。这里，g 表示它是一种特定类型的 GPU 加速器：g4 实例具有 NVIDIA T4，g5 具有 NVIDIA A10G。紧跟在字母后面的数字就是这个例子的版本，数字越高代表版本越新。所以，g5 比 g4 后推出，以此类推。每个实例的更新版本总是具有更好的性价比。

这里，g4 表示你正在使用 NVIDIA T4 GPU。编号后面的字母告诉你该实例上还有什么可用的，这种情况下，d 通过**非易失性存储器快速通道(NVME)**提供了**直接连接的实例存储**。字母 n 代表网络优化。所有这些加在一起称为**实例系列**。实例系列后的所有内容都是这个特定实例的大小。你可能使用一些非常小的东西，例如 ml.t3.media 来运行 Jupyter Notebook，但随后升级到一些大模型，如 ml.g4dn.12xlarge 进行开发，最终可能升级到 ml.p4dn.24xlarge 用于极限训练。

一般来说，g 实例非常适合较小的模型。这可能包括自动进行开发和测试，例如在上面运行复杂的笔记，使用暖池，或者简单地使用数据并行进行多 GPU 模型训练。g5 的例子在这里尤其具有竞争力。

但是，如果你想训练大型语言模型，强烈建议使用 p 实例系列。这是因为相应的 GPU 实际上性能更强，而且体积更大。它们支持更大的模型和更大的批量大小。ml.p4dn.24xlarge 具有 8 个 NVIDIA A100，每个芯片具有 40GB 的 GPU 内存。ml.g5.48xlarge 具有 8 个 NVIDIA A10G，每个芯片只有 24GB 的 GPU 内存。

截至本书撰写之时，Trainium 刚刚上市！这是亚马逊开发的一款定制加速器，可将性价比提高 50%。

现在，你已经了解了如何在 AWS(尤其是在 Amazon SageMaker)上使用 GPU，以及你希望掌握哪些实例，接下来继续学习如何优化 GPU 性能。

4.3   优化加速器性能

有两种方法可以解决这个问题，而且这两种方法都很重要。第一个是从超参数的角度来看的。第二个是从基础设施的角度来看的。下面分别讲解！

4.3.1   超参数

第 7 章将全面讲述如何选择正确的超参数,优化 GPU 性能是一个很大的驱动因素。重要的是，随着集群中 GPU 数量(我们称之为 world size)的变化，需要修改超参数以适应这种变化。此外，在提高整体作业吞吐量(如通过最大限度地提高批量大小)和找到较小的批量大小(最终将获得更高的准确性)之间存在一个核心权衡。本书后面还将讲解如何使用超参数微调来弥合这一差距。

4.3.2 AWS 上加速器的基础设施优化

这里将介绍 5 个关键主题，这些主题可以确定脚本如何使用 AWS 上可用的 GPU 基础设施。在你学习途中的此时此刻，我并不期望你成为这些方面的专家。我只是想让你知道它们的存在，并且你可能需要在稍后的工作流中更新相关的词元和配置。

- **EFA**：亚马逊的 Elastic Fabric Adapter 是 AWS 上的一个定制网络解决方案，可为高性能深度学习提供最佳规模。专为亚马逊 EC2 网络拓扑结构构建，它实现了 AWS 上从几个到几百到数千个 GPU 的无缝网络规模。

- **Nitro**：亚马逊定制的专门构建的管理程序系统将解耦物理硬件、CPU 虚拟化、存储和网络，从而提供更高的安全性和更快的创新。你将 SageMaker 上的 Nitro 系统用于许多大型 GPU 实例，如 ml.p4d.24xlarge、ml.p3dn.24xlarge 和 ml.g4dn.12xlarge 等。

- **NCCL**：NVIDIA Communication Collectives Library(NCCL)是一个工具，当你准备好实际提高 GPU 性能时，就需要熟悉它。一个常见的步骤是确保使用的是最新版本的 NCCL。NCCL 提供 5 种关键算法：AllReduce、Broadcast、Reduce、AllGather 和 ReduceScatter。你将使用的大多数分布式训练软件框架都以各种方式使用这些算法的组合或这些算法的自定义实现。第 5 章将对此进行更详细的探讨。另一个需要了解的关键 NVIDIA 库是 CUDA，如前所述，它可让你在加速器上运行深度学习框架软件。

- **GPUDirectRDMA**：这是一个 NVIDIA 工具，允许 GPU 在同一实例上直接相互通信，而不需要跳到 CPU 上。这也可在带有选定实例的 AWS 上使用。
- **Open MPI**：**Open Message Passing Interface(Open MPI)**是一个开源项目，能帮助远程机器间轻松地通信。你的绝大多数分布式训练工作负载，尤其是在 SageMaker 上运行的工作负载，都将使用 MPI 作为基础通信层，使各个工作器保持同步。

如果你在想："现在，我该如何使用所有这些东西？"答案通常很简单，涉及如下 3 个问题。

(1) 首先，问问自己，使用的是哪个基本容器？如果你使用的是 AWS 深度学习容器之一，那么所有这些功能都将在 AWS 广泛的测试和检查后提供给你。

(2) 其次，看看你正在使用哪个实例。正如你之前所了解的，每种实例类型都允许或不允许应用程序使用 AWS 上的某些功能。试着确保你能得到最好的表现！

(3) 最后，看看如何在作业参数中进行配置。在 SageMaker 中，可在脚本中使用超参数和设置，以确保最大限度地提高性能。

现在你已经了解了一些关于优化 GPU 性能的知识，下面我们介绍如何排除加速器的性能故障。

4.4　加速器性能故障排除

在分析 GPU 性能前，需要大致了解如何在训练平台上调试和分析性能。SageMaker 为此提供了一些非常好的解决方案。首先，所有日志都会发送到 Amazon CloudWatch，这是另一项 AWS 服务，可以帮助你监控作业性能。集群中的每个节点都有一个完整的专用日志流，你可以读取该日志流以查看整体训练环境、SageMaker 如何运行作业、作业处于何种状态以及脚本发出的所有日志。你为标准输出或打印语句编写的所有内容都会自动捕获并存储在 CloudWatch 中。调试代码的第一步是查看日志，找到真正出了问题的地方。

　　一旦你知道脚本出了什么问题，就可能想快速修复并重新上线，对吗？这就是为什么我们在 SageMaker 上引入了托管暖池(managed warm pool)，这是一项即使在作业完成后也能让训练集群保持在线的功能。有了 SageMaker 暖池，你现在只需要几秒钟就可以在 SageMaker Training 上运行新作业！

　　在脚本工作的情况下，接下来，你需要分析作业的总体性能。这就是调试工具真正派上用场的地方。SageMaker 提供了一个调试器和分析器，这两个工具实际上都会在你的作业运行时启动远程实例，以在整个训练过程中应用规则并检查张量。分析器是一个特别好用的工具；它会自动生成图形和图表，你可使用这些图形和图表来评估作业的总体绩效，包括使用了哪些 GPU 以及使用了多少 GPU。NVIDIA 还提供了 GPU 调试和性能分析的工具。

　　正如我们之前提到的，编写软件来无缝地编排数以万计的 GPU 内核是一项不小的任务。因此，GPU 突然坏掉是很常见的。你可能会看到 NCCL 错误、CUDA 错误或其他看似无法解释的错误。其中的许多实际是 SageMaker 自动地提前运行 GPU 健康检查！这就是 p4d 实例的初始化时间小实例长得多的原因；SageMaker 正在分析 GPU 的健康状况，然后将其告知你。

　　除了这些已知的以 GPU 为中心的问题，你可能看到其他故障，如损失没有减少或激增、容量不足、GPU 吞吐量异常低或节点拓扑结构发生微小变化。通常，账户采用 Lambda 函数来监控作业，以发现其中的许多问题。你可以使用此 Lambda 函数来分析 Cloudwatch 日志、触发警报、重新启动作业等。

　　只要记得至少每 2 到 3 个小时检查一次模型。后续章节将介绍在 SageMaker 上进行大规模训练的大多数最佳实践，但现在，只需要知道，你要在整个训练循环中定期编写最近训练的模型的完整副本。

　　既然你已经了解了 GPU 性能故障排除的一些技术，接下来总结一下你在本章中刚学到的所有内容。

4.5 本章小结

本章介绍了机器学习的加速器，包括它们与标准 CPU 处理的区别，以及为什么大规模深度学习需要它们；还介绍了一些获取加速器的技术，并为软件开发和模型训练做好准备；谈及了 Amazon SageMaker 的关键方面，特别是 Studio、Training 和 Hosting；提到了有一些关键的软件框架可以让你在 GPU 上运行代码，如 NCCL、CUDA 等；讲解了 AWS 为高性能 GPU 概念提供的顶级功能，以训练深度学习模型，如 EFA、Nitro 等；介绍了如何查找和构建预安装了这些包的容器，以在容器上成功地运行脚本；还介绍了如何在 SageMaker 上调试代码和排除 GPU 性能故障。

现在已详细了解了 GPU，第 5 章将探讨分布式训练的基本原理！

第 5 章

分布式基础知识

本章讲解用于大规模预训练和微调的分布式技术的概念基础。首先，将深入讲解机器学习(ML)的顶级分布式概念，尤其是模型和数据并行性；其次，将讲解 Amazon SageMaker 如何与分布式软件集成，以便在尽可能多的 GPU 上运行作业；接着讲解如何为大规模训练优化模型和数据并行，尤其是使用分片数据并行等技术；再讲解如何使用优化器状态分片、激活检查点、编译等高级技术来减少内存消耗；最后，综合讲解一些结合了上述所有概念的语言、视觉等方面的示例。

本章内容
- 理解关键概念——数据和模型并行性
- 将模型与数据并行相结合
- Amazon SageMaker 分布式训练
- 减少 GPU 内存的高级技术
- 当今模型的示例

5.1 理解关键概念——数据和模型并行性

我对机器学习基础设施工作的一些最极端记忆都来自研究生院。我永远都不会忘记新作业的压力，通常是我需要分析的一些大数据集。然而，通常情况下，数据集不会出现在我的计算机中！我必须清空之前的所有作业才能开始下载。下载需要很长时间，而且它经常被不稳定的咖啡馆网络打断。当我设法下载后，又沮丧地意识到它太大了，无法写入内存！现在你可用第 2 章中介绍的 Python 库 panda 中的一个用于读取该文件类型的函数，将读取限制为几个对象。而在当时，我需要自己制作一个流媒体阅读器。在我设法进行一些分析后，会挑选一些我认为相关且非常适合的模型。

　　然而，似乎需要很长时间才能训练！我会在计算机前坐上几小时，确保连接没有失败，我的 Jupyter 内核会一直保持激活状态，阅读调试语句，并希望循环能及时完成，以便第二天早上提交报告。

　　幸运的是，对于机器学习的当今开发人员来说，这些问题中的大多数都已有了出色的解决方案——正如第 4 章所述，Amazon SageMaker 和 AWS 云通常就是其中之一。现在，让我们非常详细地了解其中的一个方面：训练运行时。事实证明，分布式是一个可用来训练超大模型和数据集的概念。本章将探讨两个关键概念，如果使用得当，这两个概念将帮助你把训练规模扩大，直至满足你的梦想和愿望。以下便是这两个概念：

- 数据并行性
- 模型并行性

　　数据并行性按 GPU 复制模型，分解数据集以帮助更快地训练，而模型并行性则将模型与多个 GPU 划分，帮助训练更大的模型。换句话说，数据并行性在单节点和多节点设置中跨加速器划分数据。它将不同的数据划分应用于完全相同的模型，并复制 *N* 次。而模型并行性则在多个加速器和节点上划分同一个模型，对每个模型划分使用相同的数据。

5.1.1　什么是数据并行

　　数据并行在处理超大数据集时非常有用。在最简单的情况下，你可能有一个具有两个 GPU 的实例。假设你使用的模型足够小，只需要一个 GPU——例如，少于 10 亿个参数的模型——数据并行软件框架可能会制作两个模型副本，每个 GPU 一个。同样的框架也需要一个分布式数据加载器。数据加载器需要指向单一的源——例如，训练文件和测试文件——但要根据模型副本的数量来划分每个批次。例如，如果全局批量大小为 32，则每个 GPU 的批量大小将变为 16。数据加载器会管理这一点，确保每个全局批次在整个 world size 或用于在所有机器上进行训练的 GPU 总数中得到正确划分和分配。

如何得到一个(而非两个)模型？只需要简单地进行平均！前向传递很容易理解：模型的每个副本使用每个 GPU 批次通过网络执行单个前向传递。然而，对于反向过程，梯度在所有模型副本上取平均值。在前向传递后，每个模型副本会将其输出发送到集中控制面板。控制面板计算所有副本的输出的加权平均值，将其与真实情况进行比较，并通过优化器运行梯度下降算法。然后，优化器会向每个模型副本发送新的模型权重。每个批量完成称为一个时间步(step)，通过数据集的完整过程称为迭代周期(epoch)。

这个基础概念会随着不断添加 GPU 而扩展。这意味着良好的数据并行软件，如 SageMaker 分布式数据并行(SM DDP)，将帮助在单实例和多实例情况下在多个 GPU 上运行。稍后介绍有关 SageMaker 管理的库的更多信息，以便进行分布式训练。

而在此之前，鉴于你目前已经对数据并行性有了一个实际的理解，接下来先开启分布的第二个维度：模型并行。

5.1.2　什么是模型并行

正如我们所发现的，当今世界上许多最先进的模型都非常大。通常，这些参数的范围从几十亿个参数到数千亿个参数，有时甚至是数万亿个参数不等。记住，**参数**是神经网络中的权重。它们位于所有的层次中。当数据通过网络时，每一步都是一个数学函数，它使用层类型定义的公式转换输入数据本身，经常应用一些激活函数，并将结果发送到下一层。在计算上，层基本上是一个列表。列表是由参数组成的！当设置为**可训练(trainable)**时，这些参数将在反向通道的随机梯度下降过程中发生变化。当设置为**不可训练(not trainable)**时，这些参数将不会更改，从而允许你部署模型或使用下游层对其进行微调。

但是如何处理大型模型呢？模型并行就是答案!

模型并行包括多种方法，这些方法可以帮助你将模型划分跨多个 GPU。其中最简单的称为管道并行(pipeline parallel)。在管道并行中，软件框架会简单地获取神经网络的层，并将它们放置在不同的 GPU 上。如果神经网络有两个异常大的层，并且你想在一个有两个 GPU 的实例上训练它，就可以在每个 GPU 上放置一个层。

类似地，对于前面的数据并行示例，你仍然需要一个分布式数据加载器。分布式数据加载器仍然会将每个全局批量大小分解为每个 GPU 的微批量(microbatch)。然后，模型的每个部分——在这种情况下为模型的每一层——都可以一次接收一个微批量用于前向传递。然后，集中控制面板将异步执行每一层，在正确的时间点将微批量传递到相关层。每一层仍然可以看到数据集中的每一项，因此从数学上讲，这就像所有层都被打包到单个巨大的 GPU 中一样。

这个过程的说明如图 5.1 所示。

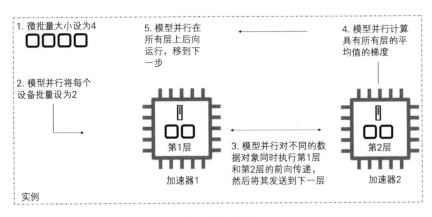

图 5.1　模型并行性

模型并行的另一个关键是处理太大而无法在单个 GPU 上运行的层。这在大型语言模型中尤其常见，第 1 章中介绍的 Transformer 注意头可以很容易地跨越现代 GPU 的内存限制。我们该怎么做呢？答案是张量并行(Tensor parallelism)。在一个张量并行框架中，有可能一个 GPU 上只有一个张量的一部分，而同一个张量的另一部分放在另一个不同的 GPU 上。集中式分布式软件仍然将微批量传递给它们，因此逻辑上操作上没有区别。张量并行性对于训练当今世界的 GPT-3 大小的模型是相当必要的，这些模型有高达1750 亿个甚至更多的参数。

要了解更多关于模型并行性的知识，特别是通过 SageMaker 模型并行性提供的分布式库，可查看关于该主题的论文(4)。现在你已经了解了分布式训练中的两个基本主题，数据和模型并行性，接下来学习如何将它们结合起来!

5.2　将模型与数据并行相结合

正如你之前可能怀疑的那样，并且正如缩放法则所证明的那样，大型模型只有在与大型数据集结合时才有效。也就是说，如果使用一个非常大的模型和一个小的或中等大小的数据集，则极可能过拟合了模型。这意味着它最终可能学会如何复制你提供的核心示例，但不太可能很好地处理新的挑战。

令人惊讶的是，反过来未必正确。作为一般的经验法则，随着数据集的大小增加模型的大小是有帮助的。然而，在大多数计算机视觉案例中，模型大小很少超过单个 GPU 的内存大小。可以说，与我合作的大多数视觉客户，从自动驾驶汽车到制造业，从金融服务到医疗保健，都倾向于使用能够很好地适应单个 GPU 的模型。这些情况下，数据并行是提高训练循环吞吐量的有力候选，因为额外的 GPU 上有模型的每个副本，你的训练能力就会更快地提高。

然而，在**自然语言处理(NLP)**中通常不是这种情况，其中最高性能的模型通常至少需要几个 GPU，有时甚至需要数百乃至数千个 GPU。在这些情况下，你可以期望使用模型和数据并行的组合，如 Alpa(5)的早期示例所示。模型并行使你能够简单地将模型保存在 GPU 的活动内存中，数据并行通过复制模型和增加模型每一步可以处理的数据总量来提高整体速度。当保存模型的一个副本需要多个 GPU 时，这只是意味着每个额外的副本将需要相同的数量。因此，如果模型需要 4 个 GPU，并且根据数据大小使用缩放法则来确定总计算预算包括 64 个 GPU (8 个实例，每个实例 8 个 GPU)，你将需要 16 个模型副本！这是因为每 8 个 GPU 实例可以分别保存两个模型副本。如图 5.2 所示。

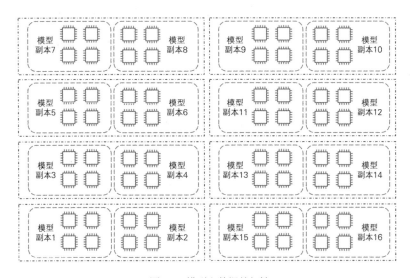

图 5.2　模型和数据并行性

记住，模型的每个副本都通过模型并行性来处理，再通过数据并行性来合并模型的所有副本。看起来很复杂，对吧？但希望这些概念能被理解——一旦概念被理解，所有这些术语和想法就会突然变得有意义。同时也要记住，在这段旅程中，你并不孤单。亚马逊(Amazon)有一个完全托管的服务，可以帮助你以令人难以置信的规模训练模型！5.3 节将与你分享 Amazon SageMaker 自动化、托管和提供的一些功能，以帮助你更快地掌握科学知识。

5.3　Amazon SageMaker 分布式训练

第 4 章介绍了 SageMaker。现在，我们想深入研究分布式训练功能。可将这些划分为 4 个不同的类别：容器、编排、可用性和规模性能。

正如第 4 章所述，AWS 提供了深度学习(DL)容器，你可以很容易地将其指向自己的脚本和代码。强烈建议你将这些作为项目的第一个起点，因为所有的框架、版本和库都已自动进行了测试和集成。这意味着你可以简单地根据你使用的任何 DL 框架选择一个容器，例如 PyTorch 或 TensorFlow，容器已经在 AWS 和 SageMaker 上进行了测试。你也可以选择这个容器的 GPU 版本，它已经编译并安装了所有 NVIDIA 库，以便在 GPU 上良好地运行。然而，如果你有自己的容器，也可以简单地将其推送到亚马逊的 ECR(Elastic Container Registry，弹性容器注册表)，并将其用于训练。你要添加训练工具包以启用自定义容器的所有训练功能，如入口点脚本、日志排放、暖池等。

一旦选择了镜像，就可以格式化脚本了！在 SageMaker 上，我们大量地使用了估计器(estimator)概念。这是一个围绕 API(CreateTrainingJob)的 Python 封装器，也是你要非常熟悉的一个概念。核心思想是使用估计器指向基本对象，如深度学习容器、脚本和所有作业参数。然后，只需要调用 estimator.fit()。这会将你的调用提交给 CreateTrainingJob，然后由 API 执行该命令来创建作业！

记住，SageMaker 训练会在训练期间自动初始化远程实例。这意味着，一旦执行了 estimator.fit()，然后就可以在 Training Jobs 下的控制台看到初始化的新实例。它们由服务托管。初始化实例后，将把数据复制到它们之上，下载镜像，并对数据运行训练脚本。所有日志都会发送到 CloudWatch，并维护作业的所有元数据。这意味着默认情况下，实验是可重复的！一旦工作完成，经过训练的模型工件就会自动将其发送到亚马逊 S3(Simple Storage Service，简单存储服务)。

现在，你一定在想：对于只使用一个 GPU 的脚本来说，这似乎是可行的。但是如何使用多个 GPU 呢？答案很简单：通过软件！

5.3.1 分布式训练软件

将代码从一个 GPU 扩展到多个 GPU 的关键步骤是为此使用正确的软件。幸运的是，如今有很多选择。在 SageMaker 上，可以使用任何想要的开源软件；很容易将额外的包、脚本和框架带入 API 训练中。这意味着你可以在我们的训练 API 中实现任何一个顶级分布式训练框架，其中包括 DeepSpeed ZeRO-3D、Megatron-LM、PyTorch DistributedDataParallel(DDP)、Horovod 等。如果你已经在其中一个框架中运行了代码，那么扩展的第一步可能是将其转移到 AWS 和 SageMaker 上。然而，如果只使用开源分布式框架，就无法提高效率。

这些效率提升的原因基本上来自亚马逊经常使用的一个概念："经验不存在压缩算法"。顾名思义，这意味着亚马逊在优化云上的深度学习方面不断做出很多改进，尤其是大规模的深度学习。特别是，我们有一个软件解决方案，SageMaker 分布式训练库，可以帮助你在 AWS 上实现最先进的性能。

我们将更深入地研究这种不同的分布式训练软件的细微差别，包括关键的设计决策，如参数服务器和基于环的方法之间的差异，参见第 8 章。接下来，让我们从更高层次探索可用的库。

5.3.2 SM DDP

第 4 章介绍了一个称为通信集合(communication collective)的概念。这些核心算法旨在促进多个 GPU 上的分布式梯度下降。然而，NVIDIA 通信集合库(NVIDIA Communication Collectives Library，NCCL)实际上是在设计时考虑到一个目标基础设施：InfiniBand。这是一个非常慷慨的网络解决方案，可以实现超过 1TB 的通信传输。其运营成本相当高，需要大量前期投资才能在现场获得和使用。

我们在 AWS 设计了自己的自定义通信集合，专门针对弹性计算云(Elastic Compute Cloud，EC2)网络拓扑而构建。它们在 AWS 上实现了最佳性能，可扩展到数千个 GPU 及更多 GPU，而不需要大规模网络的开销。与这些自定义集合交互的主要方式是通过 SM DDP(3)。SM DDP 是一个完全托管的数据并行软件，通过后端与训练脚本集成。这意味着你可以自行提供数据并行神经网络软件——尤其是 PyTorch DDP、Hugging Face 的 Accelerate 或 TensorFlow 的 Horovod——只需要将 SM DDP 设置为后端即可。

　　将 SM DDP 设置为后端的主要目的是提高扩展效率。如果没有 SM DDP，你可能使用未明确为 AWS EC2 实例拓扑设计的通信集合算法。因此，将更多实例添加到总体集群大小时，收益会递减。从理论角度看，在一个完美世界里，你应该能够通过从一个节点移到两个节点将训练时间减半；从一个节点到三个节点应该可以把训练时长缩短为三分之一；从一个节点到四个节点则可以把训练时长缩短为四分之一。这一理论前沿被称为线性缩放效率(linear scaling efficiency)。

　　然而，我们并非生活在一个完美世界里。从计算上讲，这种线性缩放效率实际上是不可能达到的。只可能试图接近越来越好的缩放效率，如 SM DDP 提供的更好的通信集合算法。SM DDP 的增益在更大范围内尤其显著。例如，如果将使用 PyTorch DDP 的 8 节点集群与使用 SM DDP 的同一个集群进行比较，则 SM DDP 作业可能会好 40%。这些增益是大规模的。这意味着不仅你的实验结果返回得更快，有更多的时间尝试新想法，能更快地将解决方案推向市场，且训练的实际计算成本要低很多！

　　到此，我们已经了解了 SM DDP 库，接下来继续探索另一个选项：SageMaker 模型并行(SageMaker Model Parallel，SMP)库。

5.3.3　SMP 库

　　本章前面介绍过关于 Amazon SageMaker 的大规模训练。我们还曾强调，这能支持你在任意多的 GPU 上运行任何开源库，而不受分布式软件的限制。在模型并行性方面，这包括 DeepSpeed、Megatron-LM 和其他。然而，为了真正利用 SageMaker 的所有性能增强功能，强烈建议你评估 SMP 库。这正是我们将在整本书中常使用的内容。

　　SMP 是一个由 AWS 构建和管理的 Python SDK，可以帮助你轻松地在多个 GPU 之间扩展神经网络模型。SMP 与 PyTorch 以及其他高级功能完美集成，可以帮助你将模型扩展到几个 GPU、几百个 GPU，甚至数千个 GPU。其中包括管道并行性、张量并行性、优化器状态分片、激活加载和检查点、分片数据并行性等。稍后将继续探讨高级功能，但此处首先简单地了解如何配置和使用库进行基础模型分布。

一般来说，有了一个可以在单个 GPU 上训练的 PyTorch 模型后，就可以评估放大后的效果了。首先，确保使用的基本容器与 SMP 兼容。如果使用的是支持 GPU、SageMaker 和训练的 DL 容器(由 AWS 托管)，就可以进入下一步了。如果没有，则按照步骤从任意基本镜像扩展预构建的 Docker 容器。

一旦确保容器支持 SMP，就可将库集成到训练脚本中了。这集中体现在以下 3 个关键内容。

(1) 将库导入脚本。截至 2022 年 11 月，只需要执行以下命令即可：import smdistributed.modelparallel.torch as smp。

(2) 用相关的 smp 对象封装模型和优化器。这其实很简单。使用 PyTorch 定义神经网络后，或者简单地从 Hugging Face 加载 PyTorch 模型后，只需要将其作为参数传递给 smp.DistributedModel()对象。然后，像往常一样，在脚本的其余部分继续传递模型。优化器遵循类似的句法结构。

(3) 重构训练循环，使其包含两个不同的功能，即训练步骤和测试步骤。这两者都采用你的模型、优化器和其他相关参数。训练步骤应该通过网络向前传递数据，计算损失，通过优化器经由网络反向传播数据，并返回损失。测试步骤应该简单地计算损失，并返回它。

你要为训练和测试步骤函数添加一个 Python 装饰器，将它们声明为 @smp.step。装饰器至关重要，因为此函数中包含的所有内容都将被划分到多个 GPU 上。SMP 库将明确评估这些函数中的活动，特别是你的模型以及数据如何通过它传递，以便在多个 GPU 中优化布置模型。

当脚本有了这些和其他一些相关的更改，还需要进行最后一次确认。

在 SageMaker 训练作业估算器中，添加另一个名为 distribution 的参数。正如我们将在整本书中看到的那样，这个参数将用于确认 SageMaker 训练后端的许多方面，包括 SMP 和 SM DDP。传递一个词元(以启用 SMP)以及任何其他相关参数。你还需要启用**消息传递接口(Message Passing Interface，MPI)**，这是我们在前文了解到的。MPI 是一个开源框架，支持节点在训练时相互通信。SMP 使用 MPI 跨节点进行通信。

最后，测试一下脚本！在 SageMaker Training 中测试模型并行性的一种简单方法称为本地模式。本地模式是一种非常有用的技术，可以支持开发 SageMaker Training API，包括容器、数据指针、脚本和作业参数，而无须等待集群的开销增加。可以在任何运行 Docker 的地方使用 SageMaker 本地模式，如 SageMaker 笔记实例，甚至你的本地计算机。截至本书撰写之时，Studio 不支持本地模式。本地模式可以帮助你在编写代码时快速轻松地采取步骤，确保一切都设计好并工作良好。

一旦你增加了模型的大小，无论是通过从 Hugging Face 导入更大的版本，还是通过在 PyTorch 定义中手动增加参数的数量，并且你已经证明这在至少两个 GPU 上都能很好地工作，都是时候探索 SMP 库中的高级技术来减少 GPU 的整体内存占用了。

5.4　减少 GPU 内存的高级技术

现在，让我们想象一下，你已经深入展开了项目；已经确定了数据集、用例和基础模型；已经在 SageMaker 上进行了小规模的测试，例如在最小版本的模型上使用 1%的数据(这似乎效果良好)；已经使用了缩放法则，或者只是通过另一个例子看到了一个大型模型可以帮助提高准确性，确信有足够的数据来证明这个大型模型的合理性；已经增加了足够的模型，可以在至少两个 GPU 上运行，并在 AWS 上成功测试了这一点。

如果还没有达到所有这些阶段，那么坦率地说，我建议你直接跳到 5.5 节。在这里，我们将认真探讨模型并行前沿领域中非常复杂、详细和小众的主题。如果你尚未做好准备，例如进入我刚刚列出的项目中的所有前述阶段，那么你最好暂时跳过这个话题。你以后还可以回头参考这些材料的。特别是如果你真的是这个领域的初学者，我们将讨论的话题可能让你不知所措，让你更难继续进行分布式训练。你仍然可以在不使用极端规模的模型并行性的情况下训练最先进的模型，如 Stable Diffusion。

你可能已经注意到，在多个加速器之间划分模型具有减少模型 GPU 内存占用的自然效果。换言之，当一个模型太大而无法在单个 GPU 上运行时，它会受到该 GPU 可用内存的限制，因此需要一种方法来减少其内存占用。将模型划分到多个 GPU 是一种方法，但这不是唯一的方法。让我们再介绍几个。

一旦你将训练脚本与 SMP 库集成，使用其余功能就像添加和删除超参数一样简单。虽然为它们编码非常简单，但理解它们并成功地设计则是非常具有挑战性的。首先，让我们回顾一下基础知识。pipeline_parallel_degree 参数指示如何在多个 GPU 之间划分模型。例如，如果你的盒子上有 8 个 GPU，并且你将 pipeline_parallel_degree 值设置为 2，那么根据你在模型中分配参数的方式，你可能会将模型一分为二。如果模型的每一半使用 4 个 GPU，那么整个模型可以消耗 8 个 GPU。如果你想添加一个数据并行度，就需要另一个实例。

你还需要考虑每个 GPU 的批量大小。在 SMP 库中，我们称之为 microbatches。整个第 7 章讲述的都是寻找正确超参数的相关内容，但在这里你需要明白，增加批量大小会直接增加 GPU 的利用率。模型并行的核心目标是找到有效的方法来减少模型的 GPU 内存占用，从而增加批量大小，提高 GPU 利用率，减少作业的总体运行时间，进而降低其价格。然而，正如你将在第 7 章中了解到的，准确的模型通常需要较低的批量大小。Yann LeCunn 因在推特上表示 friends don't let friends use batch sizes over 32(朋友们不允许朋友们使用超过 32 的批大小)而闻名。

除了管道并行和微批量，模型并行中需要理解的其他一些关键术语包括张量并行、优化器状态分片、激活检查点和分片数据并行。

5.4.1　张量并行性

虽然管道并行性允许我们在不同设备上放置神经网络中的不同层，但在张量并行性中，我们又进一步分解了层本身。通常，这在极端模型并行性的情况下很常见，例如具有超过 1000 亿个参数的 GPT-3 模型。在 SMP 中，只需要使用 tensor_paralle_degree 即可启用此功能。尽量确保将单层的所有方面都保留在单个节点内，因为这对于最大限度地提高训练集群的带宽至关重要。

如果你特别好奇，想扩展到 1 万亿个参数，那么对应的有用技术是备用网络。这最初是在 2017 年提出的(6)，作为一种专家混合(mixture-of-experts，MoE)技术，在训练期间只激活神经网络的一部分，从而能够更有效地扩展到大量参数。华为的一个分布式训练团队提出了一个以 Transformer 为重点的更新方案，实现了他们所说的随机路由专家(random routed expert)。令人印象深刻的是，他们称在 100 多天内只在 512 个加速器上进行了训练，就提高了中国 NLP 任务的技术水平(7)。然而，在本书的其余部分中，我们将主要关注适用于高达数千亿个参数的模型的密集网络。

5.4.2 优化器状态分片

若神经网络中可训练权重或参数的数量很大，那么优化器也必然随之变大。如果训练集群中有多个模型副本，例如通过将数据并行性与模型并行性结合使用，那么可以考虑通过设置 shard_optimizer_state : True 来划分优化器。有趣的是，这将 DistributedOptimizer 对象的范围限定为仅包含在该数据并行队列中的参数。这些参数被称为虚拟参数，它们与原始参数共享底层存储。

5.4.3 激活检查点

激活检查点实际上是一种以额外的计算时间换取减少内存开销的技术。换言之，当你启用激活检查点时，就能将更多对象加载到已清除的 GPU 内存中，但代价是每个步骤都需要更长时间。这是通过清除某些层的激活并在反向传播网络的同时重新计算这些层来实现的。

5.4.4 分片数据并行性

2022 年，亚马逊的一个团队开发了一种新的策略，以优化 AWS 上的大规模分布式训练。特别是，该团队意识到并非所有 GPU 都应该得到平等处理，与此相关的还有，当你试图优化通信集合时，会假设模型和数据并行进行某种组合。该团队为分布式训练设计了一种分层的完成证书(certificates of completion，CCL)方法，该方法首先在数据并行组(或文档中所称的分片)内进行查看，然后在数据并行组之间进行查看。这最小化了在反向传播期间同步梯度所需的总体通信量，并提高了该作业的总体速度，因此取名为最小化通信规模(minimize communication scale)，或 MiCS(8)。

MiCS 技术可在 SMP 库中的 SageMaker 上获得，被称为分片数据并行。

现在，你已经了解了一些降低 GPU 总体消耗和加快作业速度的高级方法，让我们继续从有趣的模型中探索一些示例，这些示例将帮助你把所有这些概念结合起来。

5.5 当今模型的示例

本书前面曾经提及过，每一个最先进的模型都需要一定的分布式量。这正是因为良好的模型来自良好的数据集，而良好的数据集很大。处理这些过程需要时间，因此你需要分配流程以便及时完成。一些模型太大，无法在单个 GPU 上实现，因此需要一定程度的模型并行性。但其他一些模型非常小，这意味着只需要数据并行性。接下来，看一看当今顶级模型中的两个例子：Stable Diffusion 和 GPT-2。

5.5.1 Stable Diffusion——大规模数据并行

Stable Diffusion 是一个引人入胜的模型，支持用户基于文本创建图像。训练后，只需要向 Stable Diffusion 提供文本输入，就能生成图片！虽然研究人员早在 2017 年就开始尝试这一点，但 Stable Diffusion 的性能才刚开始接近人类水平的创造力。具有类似性能但未公开共享的模型还有 Imagen(9) 和 DALL-E(10)。Stable Diffusion 生成的图像质量很好，几乎不用修改就可以立即使用。当然，在偏差、图像控制、分辨率和常识推理方面仍然存在一些问题，但自 2017 年以来的一路最先进的表现来看，这一增长确实令人兴奋。

幸运的是，对于普通 Python 开发人员来说，Stable Diffusion 只是一个小模型！从设计上讲，它可以在一个 GPU 上运行，这意味着只需要一点点脚本和一个适中的 GPU，就可以轻松地建立个人的演示。Stable Diffusion 成功背后的驱动因素很少，如下所述。

(1) 在训练过程中使用了 4 个模型：CLIP 词元分析器、CLIP 文本编码器、变分自动编码器(VAE)和 2D 卷积 U-Net。词元分析器和编码器使用智能语言模型来处理文本数据，而 VAE 则对图像进行编码并将其转换到更小的潜在空间。

(2) 在 Diffusion 或学习过程中，会给这些相同的潜在图像添加噪声。会借助使用语言模型编码的文本，试图预测噪声残差，计算损失并通过 UNet 将其传播回来。

(3) 使用了数十亿张图片！其训练数据和代码都是公开的。就我个人而言，我已经编写了脚本，将 5000 万张图像下载到 AWS、FSx for Lustre 上的优化分布式文件系统上，并在亚马逊 SageMaker 上使用了近 200 个 GPU 来完成这个庞大的数据集。原始数据集是 LAION-5B，其中 5B 代表 50 亿。这些数十亿张图片直接取自互联网，数据集包括每张图片的文字说明。此外，模型会在训练过程中将图像与描述相结合。

这意味着，在阅读了本章后，如果你已经对数据并行性具备了深入的理解，就拥有了开始训练自己的 Stable Diffusion 模型所需的一切！这将是预训练和微调的情况。第 6 章将深入研究数据加载器，讲解如何准备一个新的数据集，用于大规模的预训练或微调。但首先，让我们来了解一个复杂的模型并行案例研究：GPT-3。

5.5.2　GPT-3——大规模的模型和数据并行性

正如第 1 章所述，GPT-3 是一个非常重要的模型。当 OpenAI 的团队将模型增大 10 倍，准确性提升两倍，从 GPT-2 提高到 GPT-3 时，他们发起了一场全球化运动，这场运动现在实际上是人工智能的代名词。正如我们在本章中所学到的，这一缩放步骤的核心是模型并行性。让我们来看看这是如何适用于参数超过 1000 亿的模型的！

让我们从估计模型本身的内存大小开始。首先，用参数来计量它，例如 1000 亿个参数。因此，对于使用 FP16 数据类型和 Adam 优化器的作业，可以假设单个 FP16 参数占用大约 2 个字节，而 FP16 梯度占用大约相同的字节。因此，一个有 100 亿个参数的模型至少需要 200GB 的 GPU 内存。一个 1000 亿的模型需要大约 2TB 的 GPU 内存！

假设每个设备有 40GB 的 GPU 内存可用，就像 p4d.24xlarge 实例的情况一样，那么 50 个 GPU 只需要在内存中保存一个完整的模型副本。每个 p4d.24xlarge 实例都有 8 个 GPU，因此每个模型副本的 p4d 实例略多于 6 个。假设你既想要一个准确的模型，也不希望等上几年才能完成训练，就会想要这个模型的很多副本。我曾经帮助客户在 SageMaker 上为这种规模的大型语言模型训练了 128 个 p4d 实例，在这次计算中，以这种方式为他们提供跨越 1024 个 GPU 的大约 20 个模型副本。

要了解脚本示例，请考虑 GitHub 上 SageMaker 示例仓库中的笔记。搜索 GPT-2，甚至在仓库中搜索 model parallel，就应该能找到它。目前，链接参见(2)。

检查笔记，可能看到以下一些内容：

- 为训练模型提供了不同的大小规模的参数，从最少的参数到几百亿个参数
- 每种不同的设置都需要稍微不同的超参数

以上内容的详解参见第 7 章。现在，你应该能了解重要性了吧。配置作业时，需要确定分布策略，并行集成模型和数据，整体 world size，任何额外的 GPU 内存减少技术，模型大小和相关参数，等等。

但不要灰心，我们还有很多东西要学。现在，让我们以一个简短的总结来结束本章。

5.6　本章小结

本章讲解了分布式训练的基本知识；介绍了数据并行性和模型并行性这两个关键概念，这两个概念将支持你把训练扩展到接近最先进水平的规模；探讨了如何将它们结合起来，尤其是 Amazon SageMaker 等托管编排平台如何帮助你通过优化的分布式训练库与数百乃至数千个 GPU 无缝协作；引荐了高级 GPU 内存减少技术，并通过 Stable Diffusion 和 GPT-3 等真实世界的例子将其付诸实践。

在第 6 章中，我们将深入了解构建自己的数据加载器所需的工程基础知识和概念！

第 **6** 章

数据集准备：第 2 部分

与数据融为一体。

——Andrej Karpathy

本章将讲解如何准备数据集，以便立即与所分析选择的模型一起使用；深入讲解数据加载器的概念，分析为什么它是训练大型模型时常见的错误源；介绍如何创建嵌入、使用词元分析器和其他方法为你首选的神经网络特征化原始数据——参照这些步骤，必能使用视觉和语言的方法准备整个数据集；讲解 AWS 和 Amazon SageMaker 上的数据优化，以便有效地将大大小小的数据集发送至训练集群。本章将从训练循环反向推进，逐步呈现大规模训练功能性深度神经网络需要的所有步骤。你还可跟随我一起展开在 SageMaker 上进行 10TB 级 Stable Diffusion 训练的案例研究！

永远不要低估数据的力量。无论是获得最高质量的样本和标签，还是未能捕捉到细微的损坏，或者优化你的计算选择，数据都可以真正决定你的项目成功与否。许多顶级的深度学习模型实际上是通过开发一个新的数据集产生的，从 MNIST 到 AlexNet，从 GPT-3 到 Stable Diffusion！在机器学习中大显身手时，通常意味着要在处理数据集时大显身手。

如果没有功能数据加载器，就不可能有一个功能训练循环，因此开干吧！本章内容如下：

- 通过 Python 中的关键概念介绍数据加载器
- 构建和测试你自己的数据加载器：Stable Diffusion 的案例研究
- 嵌入和词元分析器
- 在 AWS 上优化数据管道
- 在 AWS 上大规模转换深度学习数据集

6.1　Python 中的数据加载器

数据加载器是深度学习特有的一个概念。在统计机器学习中，你仍然可以看到许多模型使用梯度更新，这需要微小批量，但加载方面更隐蔽——与算法本身更密切地集成。PyTorch 从早期就倾向于这个概念，明确提供数据加载器对象，并将整个训练循环公开给开发人员。虽然比早期的 TensorFlow 稍微复杂一些，但这实际上能使开发人员更灵活地控制训练过程，有助于他们更方便地开发自定义解决方案。这也是越来越多的研究项目最终选择 PyTorch(而非 TensorFlow)作为深度学习框架的部分原因。现在，我遇到的大多数模型都是首先在 PyTorch 中实现的，偶尔也会在 TensorFlow 中实现。

什么是数据加载器？数据加载器会为训练循环注入数据。大多数 PyTorch 训练循环实际上只是嵌套循环。有一个贯穿迭代周期数量的外部循环。每个迭代周期都是对数据集的完整遍历。这意味着内部循环只是一个通过数据加载器的通道；数据加载器需要在后台使用 Python 中一个非常有用的对象，即迭代器(iterator)。

让我们快速了解 Python 中的对象，并构建数据加载器，如图 6.1 所示。

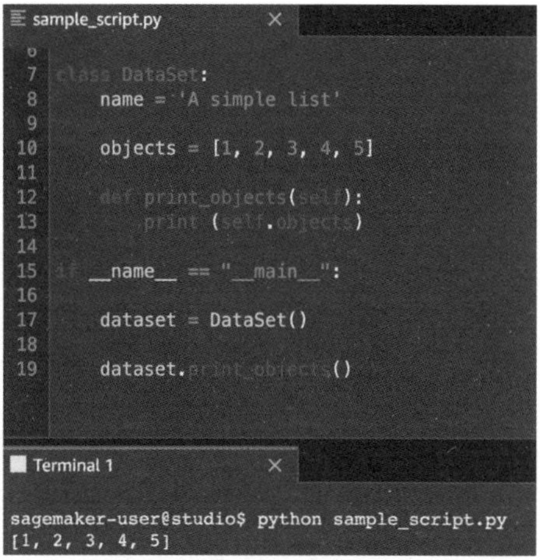

图 6.1 Python 中的类

记住，Python 是一种面向对象的语言。这意味着，在 Python 中工作时，都在处理对象。因此，类只是构建、维护和使用对象的一种便捷方式。

大多数情况下，在现实世界中，除非正在构建一个新的软件 SDK，否则都不会构建对象。通常，作为服务使用者，你只是使用他人构建的对象，并开发一个脚本将其集成到任务中。在深度学习中也是如此；大多数对象已经写入了 PyTorch、pandas、sklearn 等软件包中。

现在，如果我想突然指向一个非常大的列表，但每次调用该函数时，它只返回预定义数量的对象，该怎么办？我必须自己完成整个构建吗？现在我已经不在研究生院了，我可以很高兴地说绝对不会这么做！我只想使用迭代器，如图 6.2 所示。

Python 迭代器是专门为这样的场景构建的，多次调用对象，但每次都检索不同的项。Python 中的许多对象都支持迭代器，如列表和字典。将其中一个转换为迭代器通常非常简单。你将分两步完成，首先将核心对象定义为迭代器，这里使用 iter()语法。其次，当你调用迭代器提供下一批项时，使用了 next()。预计语法会发生变化，但大多数概念保持不变。

```
sample_script.py                                    ×

  7  class DataSet:
  8      name = 'A simple list'
  9
 10      objects = iter([1, 2, 3, 4, 5])
 11
 12  if __name__ == "__main__":
 13
 14      dataset = DataSet()
 15
 16      a = next(DataSet.objects)
 17      print (a)
 18
 19      b = next(DataSet.objects)
 20      print (b)
```

```
■ Terminal 1                                        ×

sagemaker-user@studio$ python sample_script.py
1
2
```

图 6.2　Python 中的一个简单迭代器类

构建数据加载器的工作不一定是从头开始构建类。也可以使用一些软件框架，如 NumPy、Hugging Face、PyTorch 或 TensorFlow，来接收你想要使用的数据。因此，你需要使用预构建的数据加载器来遍历批次，并用它们填充训练循环。

现在你已经知道了数据加载器应该做什么，接下来，让我们探索如何构建自己的数据加载器。

6.2　构建和测试自己的数据加载器——来自 Stable Diffusion 的案例研究

数据加载器的语法肯定会变更，所以我不想过于依赖 PyTorch 的当前实现。但是，先来看一个简单的屏幕截图，如图 6.3 所示。

```
461    train_dataloader = torch.utils.data.Dataloader(
462        train_dataset, shuffle=True, collate_fn=collate_fn, batch_size=args.train_batch_size,
num_workers=4
463    )
464    eval_dataloader = torch.utils.data.Dataloader(eval_dataset, collate_fn=collate_fn,
batch_size=args.eval_batch_size, num_workers=4)
```

图 6.3　在 PyTorch 中使用数据加载器

这实际上来自我与 SageMaker 的 Gal Oshri 和 AI21 的 Dan Padnos 在 2022 年大规模训练中的 re:Invent 演示：https://medium.com/@Emilyweber/how-i-trained-10tb-for-stable-diffusion-on-sagemaker-39dcea49ce32。这里，我使用 SageMaker 和 FSx for Lustre 对 10TB 的数据进行 Stable Diffusion 训练，FSx for Lustre 是一个为高性能计算构建的分布式文件系统。稍后将详细介绍这一点以及相关优化！

正如你所看到的，真正困难的部分是构建输入训练数据集。一旦有了有效的数据集对象，获得有效的数据加载器就像将最新的语法复制到脚本中并确保其有效一样简单。那么，你会问，我们如何获得自己的训练数据集？答案是：字典！

在现在的设置中，我有一个 Jupyter Notebook 在 Studio 上运行。我会根据是否需要以及何时需要进行一些大型或小型处理，不断升级和降级运行内核网关应用程序或临时 Notebook 的实例。在这个 Notebook 中，我开发了我确信会起作用的脚本和函数，然后将它们复制到 SageMaker 训练工作中运行的主脚本中。这就是我构建自定义数据加载函数的地方。

Hugging Face 从其数据集库中提供了一个很好的 load_dataset() 函数，但经过几小时的搜索和测试，无法将其用于我的自定义数据集。因此，我最终构建了自己的数据加载器后端，然后指向 DatasetDict() 对象。在我的 Notebook 中，它看起来如图 6.4 所示。

很简单，对吧？你可以清楚地看到，我有一个训练集，它本身就是指向 Hugging Face Dataset 对象的单词 train 的。你还可以看到，我在这个数据集中只有 1736 个对象，这很好，因为我只使用 ml.t3.medium 实例来运行我的 Notebook，而且它很小。当需要指向并测试一个更大的数据集时，我只要之后在 Studio 中单击几下就升级了实例，突然间，我就有了数百 GB 的实例内存和数十个 CPU 核心！

倘若它很简单，便是因为设计决策优雅。你的代码应该像诗歌一样：简短、简单、有效、令人回味。这可以追溯到莎士比亚：

简洁是智慧的灵魂。

```
from datasets import Dataset, DatasetDict

# should load the entire dataset into one massive DatasetDict object
def custom_load_dataset(args):

    part_list = glob.glob("{}/part-*".format(args['train_data_dir']))

    dataset_dicts = []

    for full_part_path in part_list[0:1]:

        # should continue adding to this dict through the loop iteration over images in 1 part
        dataset_dicts = add_part(dataset_dicts, full_part_path, unzip = False)

    dataset_list = Dataset.from_list(dataset_dicts, split='train')

    dataset_d = DatasetDict({'train': dataset_list})

    return dataset_d

dataset = custom_load_dataset(args)

...

dataset

DatasetDict({
    train: Dataset({
        features: ['image', 'caption'],
        num_rows: 1736
    })
})
```

图 6.4　在 Hugging Face 中创建自己的 DatasetDict 对象

我为 Stable Diffusion 数据集下载了 5000 万对图像和描述。关于我是如何做到这一点的更多信息将在稍后介绍！

此后，我意识到将整个数据集加载到内存中会浪费昂贵的 GPU 时间，这将是极其低效的。因为我的实现只是被动地列出所有图像，一个接一个地浏览它们，读取描述，并将其与指针一起存储，所以毫无疑问还可以改进。

现在，幸运的是，我至少可使用 Python 的多处理包同时列出图像，每个 CPU 内核一个，但对于 5000 万个图像，这仍可能需要花上 24 小时。除此之外，我只需要一台机器来执行这项任务。我的训练集群拥有 24 个 ml.p4d.24xlarger 主机，因此当列出图像并浏览它们时，不会让所有这些主机都闲置。因此，我建立了一个索引！

这里，索引只是一个 JSON Lines 对象。如图 6.5 所示，先行检查一下！

```
!head -10 data_index.
{"image": "/opt/ml/input/data/training/laion-fsx/part-00018/07846037.jpg", "caption": "Join Ms. M
onica for Virtual Storytime each Tuesday and Thursday at 10:30 a.m."}
{"image": "/opt/ml/input/data/training/laion-fsx/part-00018/09755358.jpg", "caption": "Free Print
able Ace Hardware Coupons"}
{"image": "/opt/ml/input/data/training/laion-fsx/part-00018/03759897.jpg", "caption": "A physical
distancing sign is seen during a media tour of Hastings Elementary school in Vancouver on Septemb
```

图 6.5　检查数据索引

我花了几天时间构建了整个过程。

(1) 首先，在 SageMaker 上用一些小型数据测试了训练脚本，以确保它正常工作。

(2) 然后，在 SageMaker 上使用了多台大型 CPU 机器下载一个新的数据集。

(3) 接下来，将数据集放到 FSx for Lustre 上。在 SageMaker 上测试，指向相关的虚拟专用云(VPC)位置。

(4) 最后，在 Studio 中用几个对象复制一个小版本。构建一些脚本来解析这些对象，确保它们在执行操作时能够被缩放和操作。将这些脚本移到 SageMaker 训练作业中，并在一台大型 CPU 机器上运行一夜。

第二天早上，我构建和测试了索引加载器，并将其转移到 SageMaker 训练中。现在我在 16 个 ml.p4d.24xlarge 实例或 128 个 A100 GPU 上运行。明天，我将在 24 个 ml.p4d.24xlarge 实例(即 192 个 GPU)上使用 5000 万个图像对一个完整的迭代周期进行完整运行。如果我能做到这一点，你也能！

在本章中，我将与你分享关于整个管道的优化，但接下来先分析这个训练流程的一个关键方面，它对为你选择的模型准备数据至关重要：词元分析器。

6.3　创建嵌入——词元分析器和智能功能的其他关键步骤

现在，你已经测试、构建并可能缩放了数据加载器，你在想，我该如何处理所有这些原始图像和/或自然语言字符串？会把它们直接扔进神经网络吗？事实上，过去 5 年的学习表征已经初步证明了这一点：不；不应该立即将原始图像或文本放入神经网络，你应该使用另一个模型将原始输入转换为嵌入。

原因很简单：在教模型如何识别数据集中的关系之前，首先必须向它介绍数据集的概念。创建嵌入基本上就是这样做的一种方式；使用从另一个过程中训练的数据结构来创建数据的向量表示。也就是说，提供原始文本和图像作为输入，并获得高维向量作为输出。这些向量是通过一个你认为有效的过程产生的，这个过程应该捕捉到它们之间关系中的微妙细节。通常在多模式设置(如 Stable Diffusion)中，实际上会对视觉和语言嵌入使用不同的过程，将它们放入模型中，并通过学习循环将它们集成在一起。

自然语言倾向于使用一个称为"词元化分析"的过程。每个模型都有一个独特的词元分析器，该词元分析器根据特定的词汇表进行训练。如果想预训练或微调 GPT-3 类型的模型，需要下载模型附带的词元分析器，并将该词元分析器应用于数据集。这对应着一种独特的方式，根据模型将字符串分解为单词、子单词或字符。最终，每个词元都会被转换为高维向量，或者更简单地说，转换为一个非常长的数字列表。我们称之为"向量嵌入"。许多单词嵌入还包括位置编码，这是一种向神经网络表示的数字方式，指出特定单词或词元在句子中相对于其他单词的位置。位置编码有助于基于Transformer 的模型了解特定数据集中单词的含义。如果你正在预训练一个全新的模型或数据集，最终就可能需要训练自己的词元分析器。

在计算机视觉中，创建图像嵌入的一种常见方法是使用预训练的视觉模型来创建特征。这意味着可以使用经过充分训练的计算机视觉模型，如对比语言图像预训练(Contrastive Language-Image Pretraining，CLIP)，同时只将权重设置为推理。这与冻结权重相同。意味着当图像通过网络时，该网络会创建图像的密集表示，而实际上不会正式生成预测。这个密集的表示稍后会与实际上正在运行梯度下降的可训练模型交互。

现在，通过在 SageMaker 上训练 Stable Diffusion 的示例，使这些想法更加具体，如图 6.6 所示。

```
25  from diffusers import AutoencoderKL, DDPMScheduler,
    PNDMScheduler, StableDiffusionPipeline,
    UNet2DConditionModel
26
27  from transformers import CLIPFeatureExtractor,
    CLIPTextModel, CLIPTokenizer
```

图 6.6　导入库

会看到我指向两个关键库：diffusers 和 Transformer。这两个都是我们在 Hugging Face 的朋友送的！

Transformer 库为使用自然语言提供了许多有用的方法和技术。diffusers 库也做着同样的事情，但只是针对基于 Diffusion 的模型。Diffusion 模型通常通过提供自然语言的提示来实现高质量的图像生成。这意味着你可以提供自然语言提示，并让模型自动生成图像！

在前面的代码片段中，只是指向基本的模型和词元分析器，我们将使用它们来特征化训练 Stable Diffusion 模型所需的图像和文本对，如图 6.7 所示。之后，需要正确下载它们。

```
298  # Load models and create wrapper for stable diffusion
299  tokenizer = CLIPTokenizer.from_pretrained(
300      args.pretrained_model_name_or_path,
301      subfolder="tokenizer",
302      use_auth_token=args.use_auth_token,
303  )
304  text_encoder = CLIPTextModel.from_pretrained(
305      args.pretrained_model_name_or_path, subfolder="text_encoder", use_auth_token=args.use_auth_token,
306  )
307  vae = AutoencoderKL.from_pretrained(
308      args.pretrained_model_name_or_path, subfolder="vae", use_auth_token=args.use_auth_token,
309  )
310  unet = UNet2DConditionModel.from_pretrained(
311      args.pretrained_model_name_or_path, subfolder="unet", use_auth_token=args.use_auth_token,
312  )
```

图 6.7　导入模型以训练 Stable Diffusion

为了节省在大型 GPU 集群上的时间，我提前下载了所有这些模型。将它们保存在 S3 存储桶中，然后创建一个训练通道，在运行 SageMaker 训练作业时指向 S3 路径。然后，脚本从训练集群上的路径中读取它们，这些路径是在作业启动时下载的。

通道只是 SageMaker 训练作业中指向任何支持的数据输入的指针。它可以是 S3 路径、FSx for Lustre 挂载或 EFS 卷。通道是为作业管理不同输入的便捷方法。可创建它们来指向数据中的不同划分，如训练和验证、基础模型、脚本或你想要的任何其他内容。它们会作为作业参数被跟踪，因此你可以看到它们与其他作业元数据一起被存储。它们也是可搜索的。
SageMaker 将在实例启动后复制、流传输或挂载通道，因此请确保将复制
时间降至最低，因为这将降低成本。

接下来，需要冻结权重。这与将它们设置为 untrainable(不可训练)或
inference only(仅推理)相同。这意味着我们只想要通过该模型的数据结果
(而非预测)。幸运的是，语法非常简单，如图 6.8 所示。

```
# Freeze vae and text_encoder
freeze_params(vae.parameters())
freeze_params(text_encoder.parameters())
```

图 6.8　不可训练模型的冻结参数

此后，需要处理原始数据，将其输入神经网络。这就是词元化分析和
特征化发挥作用的地方，如图 6.9 所示。

```
377    # this function expects the image path
378    def preprocess_train(examples):
379        images = [Image.open(image).convert("RGB") for image examples[image_column]]
380        examples["pixel_values"] = [train_transforms(image) for image images]
381        examples["input_ids"] = tokenize_captions(examples)
382
383        return examples
```

图 6.9　预处理图像

这个代码片段应该是较好理解的，用于传输训练集。该函数明确地期
望有两列，一列带有图像路径，另一列带有描述。它使用 Python 的 Image
对象来简单地从磁盘读取所有图像，并将它们转换为机器可读的格式。通
常这是 3 个通道，红色、绿色和蓝色各一个。每个通道都是二维数组或浮
点像素值的简单列表。阅读完图像后，该函数接下来对描述进行词元化。
该脚本使用 ClipTokenizer 来解析所提供的自然文本。

然后，在创建 DataSetDict()对象后应用此函数，如本章前面的笔记中
所述。指向训练集，应用转换，并准备最终将其传递到数据加载器中，如
图 6.10 所示。

```
451    # Set the training transforms
452    train_dataset = dataset["train"].with_transform(preprocess_train)
```

图 6.10　指向训练数据集

现在，已经学习了如何构建、测试和扩展数据加载器，接着来了解一下在 AWS 上可用的整个数据流的不同优化。

6.4　在 Amazon SageMaker 上优化数据管道

前面已经学习了 Amazon SageMaker 上的短暂训练，该训练可以在完全托管的远程实例上无缝地启动几个、数百个乃至数千个的 GPU。接下来，让我们了解用于优化向 SageMaker Training 实例发送数据的不同选项。

如果使用过 SageMaker Training，就一定会记得作业经历的不同阶段：启动实例、下载数据、下载训练图像并调用它，然后上传完成的模型。

图 6.11 是我在 2022 年 re:Invent 演示的截图，以 Stable Diffusion 为主。你可能会想，为什么我能在两分钟内下载 5000 万对图像/文本？答案是有一个优化的数据管道。在这个案例中，我使用的是 FSx for Lustre。

Status history

Status	Start time	End time	Description
Starting	Nov 28, 2022 18:16 UTC	Nov 28, 2022 18:25 UTC	Preparing the instances for training
Downloading	Nov 28, 2022 18:25 UTC	Nov 28, 2022 18:27 UTC	Downloading input data
Training	Nov 28, 2022 18:27 UTC	Nov 28, 2022 18:44 UTC	Training image download completed. Training in progress.
Uploading	Nov 28, 2022 18:44 UTC	Nov 28, 2022 19:02 UTC	Uploading generated training model

图 6.11　训练工作状态

对于更小的数据集(如只有几十 GB 的数据集)来说，可以简单地将 S3 作为输入训练通道。当你使用 S3 作为训练输入时，SageMaker 可以在训练期间复制(文件模式)或流传输(管道模式或快速文件模式)文件。移动数据通常是一个缓慢的过程，而在这里，它会受到主要训练机的带宽限制。使用文件模式(File Mode)和 S3 作为输入可以轻松地增加数十分钟的训练时间，随着数据集的扩展，可能会增加数小时或更长时间。例如，当我使用 100GB

进行训练时，使用 S3 而非流作为输入数据模式可以将训练时间增加整整 20 分钟。遗憾的是，这样会为等待时间付出代价，因为实例已经初始化，所以优化数据管道最符合我的需要。

某些情况下，S3 复制选项的一个简单且经济高效的替代方案是使用管道模式(Pipe Mode)或快速文件模式(Fast File Mode)进行流传输(streaming)。管道模式需要在你的终端修改部分脚本，但令人高兴的是，快速文件模式不需要！然而，众所周知，当你使用大量文件时，快速文件模式会出现一些缩放问题。为了解决这个问题，并处理数百到数千个 GPU 的大规模数据加载，我们通常推荐使用 FSx for Lustre。

FSx for Lustre 是一个分布式文件系统，可以轻松连接到 S3 中的数据仓库，挂载至 SageMaker 训练作业，并自动执行高吞吐量的训练循环。这是因为它会从 S3 读取一次数据，然后将数据存储在缓存中，并随着挂载在水平方向上扩展读取。换句话说，一旦数据被加载到 Lustre 中，训练循环的读写吞吐量将作为加速器的函数线性扩展。

你需要在专有网络中创建 Lustre，也就是说，在虚拟私有云中，在 AWS 上。这对那些处理个人身份信息或在严格监管的行业工作的人来说是个好消息。使用 VPC，便可以在云上建立和维护一个专用网络，使用安全和网络控制来管理流量和安全访问高度受限的内容。

从 S3 数据仓库管理流量和安全访问非常简单。我通常需要 20 分钟左右的时间，期间我个人也会耽搁一下，并且这包括卷创建的时间。

以下是在创建 Lustre 时建立数据仓库的步骤。

(1) 首先，指向包含所有数据的 S3 路径。

(2) 其次，确定要设置的策略类型。导入策略确定 Lustre 如何自动从 S3 获取数据，导出策略则确定 Lustre 如何将数据自动推送到 S3。

加载完 9.5TB 的 Stable Diffusion 图像/文本对后的卷视图如图 6.12 所示。

图 6.12　卷视图

创建 Lustre 后，你需要再花 30 分钟左右的时间来测试和完善 SageMaker 与 Lustre 的连接。这需要配置 VPC 及其相关子网。目前的关键配置步骤如下。

(1) 确保目标 VPC 中有一个互联网网关。

(2) 确保创建的 Lustre 的子网有到该网关的路由。

(3) 确保该子网的安全组允许以多种方式定义的入站和出站流量。

(4) 为目标桶建立一个 S3 VPC 端点，允许 SageMaker 在完成后将完成的模型工件上传到 S3。

我看到过一些具有两个子网的配置，一个子网用于与实际的公共互联网交互，用 pip install 安装软件包，另一个子网则用于运行训练工作。就我个人而言，我跳过了这一点，用所有的包构建了一个 Docker 容器，将它加载到 ECR，并在开始训练作业时指向它。

当你运行训练作业时，如果想指向特定的 VPC，请确保将相关凭据传递给估计器。你还需要传递一些额外的参数来指向 FSx for Lustre。

最后，也可直接将 Lustre 挂载到笔记上！在此设置中，需要重新构建笔记实例以连接到相同的 VPC 凭据。实际上，在 Lustre 上启动作业并不需要这样做，但需要直接挂载卷。这里有一个很好的脚本可以帮助你做到这一点(1)。要想更详细地考虑这些选项的利弊，请参阅关于该主题(2)的博客文章。

现在，你对如何优化数据管道选项以指向 SageMaker 进行训练循环有了更好的想法，让我们后退一步，评估一下在 AWS 上大规模下载和转换数据集的几个选项！

6.5 在 AWS 上大规模转换深度学习数据集

此时，你一定在想，现在已经了解了如何构建和测试数据加载器，甚至将数据放在 FSx for Lustre 与 SageMaker 训练集成，但如果需要提前进行大规模下载或转换应该怎么办呢？如何才能以成本效益高且简单的方式大规模完成这些工作呢？

虽然有很多不同的工具和视角来解决这个问题，但我个人最喜欢的始终是采取最简单、最便宜、最可扩展的方法。对我来说，这实际上与 SageMaker Training 的作业并行性有关。

事实证明，SageMaker Training 是一种非常广泛的计算服务，你可以使用它来运行几乎任何类型的脚本。特别是，可使用它并行运行基于 CPU 的大型数据转换作业。你可以运行的 SageMaker Training 作业数量没有上限，我们的客户每天运行数千个作业，以便为其独特的业务目的训练模型。这可能是为广告、个性化推荐、定价或其他增强功能训练小模型。

对于我的 Stable Diffusion 案例研究而言，我实际上使用了 18 个并发的 SageMaker 作业来下载所有数据！首先，我使用了一个大型 CPU 作业来下载 Laion-5B 数据集中包含的所有 Parquet 文件。然后，我会遍历它们，把每个 Parquet 文件都送到各自的作业中，如图 6.13 所示。

```
for p_file in parquet_list[:18]:

    part_number = p_file.split('-')[1]

    output_dir = "s3://{}/data/part-{}/".format(bucket, part_number)

    if is_open(output_dir):

        est = get_estimator(part_number, p_file, output_dir)

        est.fit({"parquet":"s3://{}/meta/{}".format(bucket, p_file)}, wait=False)
```

图 6.13 使用作业并行性来大规模转换数据

通过这种方式，可以轻松地跟踪、管理和评估每项作业。所有结果都被发送回 S3——这种情况下，是由工具本身发送的，自动写入 S3。现在我甚至不需要使用 Spark！使用 Python 及其 multiprocessing 包，就可以运行尽可能多的 SageMaker 作业，以执行所需的任务，如图 6.14 所示。

```
140  if __name__ == "__main__":
141
142      args = parse_args()
143
144      print ('Train data dir is here: {}'.format(args.train_data_dir))
145
146      part_list = glob.glob("{}/part-*".format(args.train_data_dir))
147
148      print ('Found {} parts to work on, starting multiprocessing pool'.format(len(part_list)))
149
150      cpus = mp.cpu_count()
151
152      with Pool(cpus) as p:
153
154          if 'unzip' in args.function:
155              p.map(unzip_part, part_list)
156
157          if 'index' in args.function:
158              p.map(write_index, part_list)
159
160      # dataset = load_index(args)
161
162      cmd = 'cp {}/data_index.jsonl {}'.format(args.train_data_dir, args.model_dir)
163
164      os.system(cmd)
```

图 6.14　数据处理脚本

你可能会问，Python 的 multiprocessing 是如何工作的？很简单。关键点是 Pool.map() 进程。首先，通过向池提供可用 CPU 的数量来创建池。可以使用 multiprocess.cpu_count() 方法查找它，然后把两个对象放入 map() 中：第一，一个你希望分配给所有进程的对象列表，第二，一个希望在该列表中的每个对象上执行的函数。这基本上是 for 循环的概念，但在这里，不是只使用一个进程，而是使用实例上可用的尽可能多的进程。这意味着，如果从 2 个 CPU 增加到 96 个 CPU，运行速度可加快 10 倍以上。

尽可能多地将数据转换卸载到 CPU 是个好主意，因为 CPU 非常便宜。在比较每小时 192 个 GPU 与 18 个基于 CPU 的作业的成本时，CPU 大约只是 GPU 的 1/13！

正如你可能已经猜到的，AWS 上操作数据共有数百种选项。在此不再赘述，你可以自行探索。

6.6 本章小结

此时，对于本书和你的项目而言，你应该在本地笔记和 SageMaker 训练实例上构建、测试和优化一个功能齐全的数据加载器。你应该识别、下载、处理整个数据集，并准备好运行整个训练循环。你应该用数据集的一个小样本完成至少一次完整的训练循环——小到 100 个样本就可以了。你应该已经确定了如何将大数据集发送到 SageMaker 训练实例(可能是通过使用 FSx for Lustre)，并且你应该进行构建、测试和操作。你还应该了解在 AWS 上存储和处理数据的其他一些方法。

你应该非常乐意做出降低项目成本的架构决策，例如选择基于 CPU 的数据下载和处理，使用 Python multiprocessing 包轻松地将任务分配给所有可用的 CPU。你还应该能够在 SageMaker 训练中轻松地并行化作业，这样就可以同时运行不同的作业，每个作业都处理项目的不同部分。

既然你已经充分准备好了数据集，那么在第 7 章中，我们将继续执行主要活动：训练模型！

第Ⅲ部分

训练模型

第Ⅲ部分将讲解如何训练大型语言和视觉模型，讲述如何找到正确的
超参数，确保减少损失，并解决持续的性能问题。

本部分的内容如下。

- 第 7 章：寻找合适的超参数
- 第 8 章：SageMaker 的大规模训练
- 第 9 章：高级训练概念

第 7 章

寻找合适的超参数

本章将深入讲解控制顶级视觉和语言模型性能的关键超参数，如批量大小、学习率等。首先概述超参数的微调，并列举视觉和语言方面的关键示例。接下来探讨基础模型中的超参数微调。最后讲解如何在 Amazon SageMaker 上寻找合适的超参数，在集群大小中采取增量步骤，并参照前述过程更改每个超参数。

本章内容
- 超参数——批量大小、学习率等
- 微调策略
- 微调基础模型
- 使用 SageMaker 根据 world size 函数放大

7.1 超参数——批量大小、学习率等

"超参数"决定了深度学习中的绝大多数关键决策点。它们就像你、模型、数据集和整体计算环境之间的媒介。你将学习批量大小、学习率、注意力头数量等术语，以平衡手头问题的整体解决方案，平衡成本，并确保模型在训练和推理过程中的最优性能。

"批量大小"告诉训练算法每个训练步骤要从数据集中将多少对象提取到内存中。基础物理告诉我们，如果一次提取的对象超过 GPU 在内存中

的容纳量，就会出现 Out of Memory(内存不足)错误。大批量可以帮助快速完成训练循环，但如果没有足够频繁地运行优化器，则可能无法捕获数据集中的所有变化。必须进行权衡。提示，整个 7.2 节会专门介绍一种称为"超参数微调"的方法。

　　"学习率"的操作几乎就像用于整个学习过程中梯度下降优化的方向盘。从字面上看，是更新可训练权重的程度。一个小的学习率意味着沿着梯度向下迈出一小步，最好是沿着损失曲线向下，但这会大大减缓作业。大的学习率意味着你在损失曲线上向下迈出了很大一步，这可以加快作业速度，但有陷入所谓的局部最小值或梯度下降函数中的小波谷的风险。基本上，这意味着模型欠拟合；循环会认为它已经完成，因为优化器表明损失已经稳定，但模型只是停留在一个小的损失波谷中。和以前一样，这引入了另一个核心权衡，超参数微调非常适合帮助解决这个问题。学习率调度器是解决这个问题的其中一个步骤，支持你从一开始就选择一个足够大的值。

　　让我们来看看决定主要视觉和语言模型性能的各种重要超参数。

视觉和语言中的关键超参数

让我们来看看视觉和语言中的几个关键超参数。

- **批量大小**——模型在每个训练步骤中提取到 GPU 内存中的对象数量。较高的数字可以加快作业速度，而较低的数字可以提高泛化性能。梯度噪声缩放似乎是预测最大可能批量的一种很有前途的途径。
- **学习率**——用于确定在梯度下降优化过程中应更新多少可训练权重的术语。大量的数据会加快作业速度，可能会过拟合，而较低的数据可能会欠拟合，无法充分学习训练数据。如前所述，这些通常要与调度器匹配。
- **迭代周期数量**——通过整个数据集的总次数。一个小数字会减少训练作业的总运行时间，而一个大数字可以提高准确性。但是，将此数字设置得过大可能造成浪费，并导致过拟合。第 9 章将讲解如何使用缩放法则来解决这个问题。

- **注意力头数**——模型中使用的自注意力头的总数。在可训练参数中，这是决定模型整体大小的一个重要因素。当你看到从 GPT-2 到 GPT-3 的大小增加了 10 倍时，通常是因为更多的注意力和更大的头。

- **序列长度**——在训练循环中用作一个对象的词元总数。这在语言模型中尤其重要，因为训练循环中的每个步骤都使用句子的某个部分来预测另一个部分。大致来说，词元映射到单词。这意味着序列长度几乎可以被普遍解释为每个预测步骤中的单词数量。这对训练和推理都有直接影响。对于推断，这意味着这是该模型可以使用的最大字数。对于训练，它可以直接增加或减少 GPU 内存占用。

还有无数的超参数。你会看到为不同的 SDK 指定的超参数，如 Hugging Face 的 Transformer 或 diffuser，它们支持定义训练作业的各个方面，如基础模型名称、数据集名称、数据类型等。SageMaker 为分布式训练库提供了超参数，如优化器状态分片、张量并行性、激活检查点和卸载等。在 SageMaker Training Job API 中，还可定义和携带你喜欢的任何超参数。

7.2　微调策略

从某种意义上说，超参数微调是一门大规模猜测和检查的艺术和科学。使用复杂的算法和策略，实际上可以训练整个模型组，以测试各种配置中的整个超参数范围。然后，微调策略将帮助最终找到最佳模型，最终确定在更大范围内使用的关键超参数。我见过超参数微调帮助客户提高准确性，从小于 1 个百分点一直到超过 15 个百分点。如果将这直接转化为商业回报，就能立刻明白为什么这是一个有吸引力的提议。

超参数微调有许多策略和技术解决方案。这些都是相似的，因为作为最终用户，你需要为这些测试选择超参数和范围。除了相关文档外，许多超参数微调解决方案还会提供默认值作为起点。随着使用首选的超参数微调解决方案的进展，我建议你预留一定的合理时间，至少详细研究其中一些超参数。如果你计划有一天面试数据科学职位，就要花大量时间了解这些，尤其要了解它们是如何影响模型性能的。

大多数超参数微调解决方案实际上都会训练几个乃至几百个模型，每个模型的超参数配置略有不同。在微调过程结束时，你应该看到首选指标有所改进，例如损失减少或准确性提高。你会问，这些解决方案是如何确定和选择最佳超参数的？这是一个粗略的"微调策略"。

微调策略是一种优化方法，它会测试各种配置，并根据预定义的性能指标对每种配置进行评估。这些在几个维度上有所不同。其中一些只是随机猜测，另一些则试图从逻辑上填充空间，一些使用基本的机器学习，还有一些使用极其复杂的机器学习算法。除了搜索方法外，它们的搜索时间也会有所不同。一些微调方法同时或并行运行所有实验，这很有价值，因为整体工作可更快地完成。其他的按顺序运行，测试一些配置，并在这些配置完成后运行另一组。这也是有价值的，因为最终可能达到更高的准确率，但它也有整体运行时间更长的缺点。让我们来看一些常见的超参数微调策略，以及它们之间的权衡。

以下是一些常见的超参数微调策略。

- **随机搜索**——顾名思义，随机搜索是一种微调策略，只使用随机性来评估搜索空间。例如，假设希望探索从 2 到 26 的批量大小，并使用随机搜索，明确表示希望总共运行 4 个作业。那就可能会有 4 个作业同时运行，每个作业都有一个随机选择的批量大小，例如 4、7、17 和 22。微调解决方案会告诉你哪项作业在首选指标上具有最优性能。

- **网格搜索**——与随机搜索相比，网格搜索将建立一组有序的实验来运行，以平衡可用搜索空间。例如，使用与前面关于批量大小相同的配置——但使用网格搜索，最终可能会同时运行 4 个作业，分别为 8、14、20 和 26。和上次一样，这些作业将同时运行，并提供性能最佳的模型。

- **贝叶斯搜索**——贝叶斯搜索通过两种方式颠覆这一基本理念。

  首先，它是一种顺序微调策略。这意味着它会同时运行几个作业，然后评估结果，并启动另一组要运行的实验。

其次，它实际上是使用机器学习算法来选择超参数。通常，这是一个简单的逻辑回归；使用模型的元数据作为输入，预测下一个要评估的超参数的值。至少从 2018 年起，我们就在 Amazon SageMaker 上提供了这一功能！ SageMaker 还具有随机和网格搜索功能。

- **Hyperband**——由某个研究团队(1)于 2018 年提出，Hyperband 策略实际上侧重于优化随机搜索。他们开发了一个无限多臂老虎机，使用预先定义的偏好自适应地探索和选择微调配置。这与强化学习非常相似！ 在 AWS，我们将其与一种称为**异步连续减半算法 (Asynchronous Successive Halving Algorithm，ASHA)**(2)的大规模并行策略相结合，该策略利用了并行性和积极的早停。我们已经证明，这些解决方案一起实现了大规模的微调，如视觉和语言模型。我们的测试(3)分别证明了其相对于随机策略和贝叶斯策略约 5 倍和约 4.5 倍的加速。

正如你可能已经注意到的，以上搜索策略基本上按从简单到复杂的方式列出。在你的学习之旅中，你也可以认为这是一条很好的目标路径。从最容易、最简单的微调策略开始，然后随着时间的推移，慢慢地建立更复杂的微调策略。

到目前为止，你可能已经猜到的另一个主题是平衡成本与准确性增益的关键需求。看看搜索策略在何处以及如何运行；它们能有效地使用计算还是无效地使用计算？它们会在增益放缓后继续进行工作和实验吗？还是会在增益停止时积极关闭资源？

最后，当你有一个围绕模型构建的完整应用程序时，就很可能希望在重新训练管道中集成一个微调策略，这一点很有帮助。假设你在 SageMaker 上部署了视觉或语言模型；当新数据到达时，你会触发一个重新训练模型的管道。在管道中最重要的步骤是微调模型，以确保具有尽可能高的准确性。详见第 14 章。

接下来探索微调基础模型中超参数的独特挑战和方法。

7.3 基础模型的超参数微调

基础模型对超参数微调提出了一些独特的挑战。接下来尝试着理解它们。

- **模型大小**——微调基础模型的最大障碍可能是它们的绝对大小。我们之前研究的许多经典微调策略都依赖于尽可能多次地训练模型。当简单地将模型的一个副本保存在内存中需要数十个加速器时,这种方法的经济性就会崩塌。

- **下游任务的数量**——正如我们在全书所看到的,基础模型的候选下游任务的绝对数量是庞大的。这使得超参数微调更加复杂,因为这些任务中的每个任务的目标度量都是唯一的。选择正确的下游任务本身就可能是一种微调挑战!

- **超参数的多样性**——在多样性规模上,相关的超参数不仅仅是训练过程的指标,也与分布技术有关,例如之前了解的模型和数据并行。

应该如何考虑克服这些挑战呢?这里建议一种方法;基本上,可以在数据集的一个少样本上有效地微调超参数。这意味着可以使用 1%的数据对超参数进行大规模搜索,有助于在作业开始时便找到正确的设置。

正如前面提到的,另一种更有效的微调策略称为 Hyberband。通过示例帖子(4),你可以看到如何与 SageMaker 训练集成,看到 Cifar10 示例。

故事就这样结束了吗?我不这么想。今天,许多基础模型开发依赖于其他人已经完成的工作,包括重用完全相同的超参数或在大规模数据集和加速器规模上运行量级非常轻的实验;对我来说,这似乎是很自然的,总有一天它会与超参数微调策略融合在一起。此外,第 10 章和第 15 章中将介绍一些参数高效微调策略,我们会看到超参数微调在预训练过程后适应模型时变得更加相关。第 13 章将讨论微调推理请求的策略。

接下来,让我们看看除了在 SageMaker 上使用超参数微调,如何考虑扩大微调实验以处理大型模型和数据集。

7.4　使用 SageMaker 根据 world size 放大

本节将分解掌握超参数微调所需的两个关键概念，在分布式训练上下文中这两个概念尤其重要。第一个是"缩放"概念，特别是在最终运行大型训练任务之前，使用超参数微调作为运行较小实验的方法。第二种方法是使用 SageMaker 上提供的提示和技巧进行超参数微调。

微调数据样本并基于 world size 更新

正如你在本章了解到的，超参数微调是维持性能增益的好方法，但它可能需要执行大量实验的密集计算。你可能想知道，我是如何轻松地将此应用到用例中的，数据集大小至少为几百 GB，甚至可能是几 TB 或更多。答案就是从一个小样本开始!

对数据集的一小部分进行微调的目标是查看模型对其关键超参数的变化有多敏感。在 1%的样本中，你可能对核心算法设置感兴趣，例如注意力头的数量，优化器或层操作的变化，序列长度以及整个训练循环中的任何其他关键设置。如果你看到一个很大的提升，这就是一个信号，你可能需要更多关注这个超参数，或者直接将微调集成到训练作业中，或者简单地添加一个检查，以确定哪种设置可对大规模提供最佳性能。你还可以微调批理大小和学习率，包括其预热，以查看哪个性能最好。

正如我希望你已经想到的那样，如果只调优整个数据集的 1%，那么你只需要整个计算的一小部分! 这意味着你可以(并且应该)准备使用非常小的实例进行超参数微调，例如 ml.g5.12xlarge 或更小的实例。但是，一旦你准备好迁移到更多实例，你将希望根据整个 world size 更新关键超参数。

记住，world size(世界大小)只是一个术语，用于计算训练集群中可用的所有 GPU 或加速器。如果你有 2 个实例，每个实例有 8 个 GPU，这意味着整个 world size 是 16 个 GPU。每次更改 world size 时，应该更新一些超参数——因为它们控制模型与训练环境的交互方式，尤其是批量大小和学习率。

例如，在之前的 16 个 GPU 示例中，假设使用超参数微调找到了一个

不错的每设备批量大小为 22，学习率为 5e-5。接下来，也许你想要移到 4
个实例，每个实例有 8 个 GPU，这样总 world size 为 32 个 GPU。从 16 个
到 32 个显然是翻了一番，加速器的数量增加了 2 倍。将把同样的因子应用
到全局批量大小和学习率上，这样就可以和 world size 一同放大。

简单的超参数微调放大示例

看一下以下示例。

原始状况：

- 两个实例，每个实例有 8 个 GPU
- world size=16
- 每设备批量大小=22
- 学习率=5e-5

增加后的群集大小：

- 4 个实例，每个实例有 8 个 GPU
- world size=32
- 每设备批量大小=22

注意，随着 world size 的增加，每设备的批量大小不一定会改变。但
是，根据脚本，请确保你知道自己提供的是每设备批量大小还是全局批量
大小。当然，需要更改全局批量大小！

学习率=5e-5*2=0.0001

除了随着整体 world size 的扩大而更新批量大小和学习率，还要确保
考虑到模型本身的大小。这可能包括添加更多参数、更多注意力头、更多
层等。正如我们所看到的，这是最终获得更准确模型的有力指标。例如，
在训练大规模 GPT-2 模型的公开示例(4)中，提供了模型的 3 种不同配置，
并为每个模型大小选择了超参数，如图 7.1 所示。

可以看到，对于 30B 参数的模型大小，建议将 num_heads(头数)设置
为 64，将 num_layers(层数)设置为 48，将 hidden_width(隐藏宽度)设置为
7168，并将 train_batch_size(训练批量大小)设置为 5。

```
if model_config == "gpt2-30b":
    model_params = {
        "max_context_width": 512,
        "hidden_width": 7168,
        "num_layers": 48,
        "num_heads": 64,
        "tensor_parallel_degree": 8,
        "pipeline_parallel_degree": 1,
        "train_batch_size": 5,
        "val_batch_size": 5,
        "prescaled_batch": 0,
    }
elif model_config == "gpt2-xl":
    # 1.5B
    model_params = {
        "max_context_width": 512,
        "hidden_width": 1536,
        "num_layers": 48,
        "num_heads": 24,
        "tensor_parallel_degree": 4,
        "pipeline_parallel_degree": 1,
        "train_batch_size": 2,
        "val_batch_size": 4,
        "prescaled_batch": 0,
    }
elif model_config == "gpt2-small":
    model_params = {
        "max_context_width": 512,
        "hidden_width": 768,
        "num_layers": 12,
        "num_heads": 12,
        "tensor_parallel_degree": 4,
        "pipeline_parallel_degree": 1,
        "train_batch_size": 2,
        "val_batch_size": 4,
        "prescaled_batch": 0,
    }
```

图 7.1　模型配置参数

然而，对于一个只有 1.5B 参数的小得多的模型尺寸，我们将 num_heads(头数)设置为 24，hidden_width(隐藏宽度)设置为 1536，train_batch_size(训练批量大小)设置为 2。你会问，为什么一个较小的型号会使用较小的批量？这不是有点违反直觉吗？直觉上，因为更小的模型应该有更小的 GPU 占用，因此要增加批量大小。

这个问题的答案是肯定的，理论上，一个较小的模型应该有更大的批量大小，但这种情况下，因为我们在大模型上实现了显著的模型并行性，它实际上抵消了这种影响，并具有更小的 GPU 内存占用。

如果你感到好奇的话，隐藏的宽度参数只是神经网络内层的大小。我们称它们为隐藏，是因为它们在黑盒子里；在输入层之后一步，在输出层之前一步。从整体模型大小看，这是非常合乎逻辑的；参数计数中较大的模型绝对应该具有较大的隐藏宽度。

最后，让我们快速了解一下 SageMaker 上的超参数微调。

使用 Amazon SageMaker 微调

使用 SageMaker 进行超参数微调非常简单，而且有几个选项。首先，和往常一样，可以简单地直接在脚本中添加任何微调策略，并直接在训练集群上执行它。可以通过网格搜索来实现这一点，只须引入自己的脚本并运行它们。

然而，在进行扩展时，尤其是将微调构建到重新训练管道中时，可能希望最终使用我们完全托管的 HyperparameterTuner。本质上，这是一个以预先构建的估计器的形式接受训练作业的对象，并附有其他一些规范要求，如图 7.2 所示。

```
tuner = HyperparameterTuner(
    estimator,
    objective_metric_name,
    hyperparameter_ranges,
    metric_definitions,
    max_jobs=9,
    max_parallel_jobs=3,
    objective_type=objective_type,
)
```

图 7.2   定义微调对象

你定义了目标指标、超参数及其范围，以及你想要运行的作业总数和并行作业总数。这些默认设置将使用贝叶斯优化。事实上，在这个例子中，最多同时启动 3 个实例，重用它们即可运行多达 9 个作业。

可以通过早停或使用之前了解的 Hyperband 算法来增强这一点。只需要将其作为函数的另一个参数添加，就可以指向相应的策略(5)。

我们所做的是浏览作业的 CloudWatch 日志，并查找指标定义。我觉得这是这个过程中最困难的部分：将正则表达式字符串与训练作业中的内容完全匹配。PyTorch MNIST 示例中的编码如图 7.3 所示。

```
objective_metric_name = "average test loss"
objective_type = "Minimize"
metric_definitions = [{"Name": "average test loss", "Regex": "Test set: Average loss: ([0-9\\.]+)"}]
```

图 7.3   定义作业配置的微调指标

可以看到，要求你编写一个正则表达式字符串，并在对象中提供该字符串。然后，应该直接匹配此处训练脚本中定义的内容，如图 7.4 所示。

```
logger.info(
    "Test set: Average loss: {:.4f}, Accuracy: {}/{} ({:.0f}%)\n".format(
        test_loss, correct, len(test_loader.dataset), 100.0 * correct / len(test_loader.dataset)
    )
)
```

图 7.4　在训练脚本中定义微调指标

为更好地衡量，这里有一个超参数范围的可视化，这样就可以看到它们是如何定义的了，如图 7.5 所示。

```
hyperparameter_ranges = {
    "lr": ContinuousParameter(0.001, 0.1),
    "batch-size": CategoricalParameter([32, 64, 128, 256, 512]),
}
```

图 7.5　定义超参数范围

还有一种方法——我认为该方法设计得特别好。它允许你将微调作业移植到 pandas DataFrame 中来运行分析！这个笔记如图 7.6 所示(6)。

```
tuner = sagemaker.HyperparameterTuningJobAnalytics(tuning_job_name)

full_df = tuner.dataframe()
```

图 7.6　调用 tuner.dataframe()

这是一个封装！让我们快速回顾一下本章学到的所有内容。

7.5　本章小结

关于超参数微调的这一章介绍了什么是超参数，包括批量大小、学习率、迭代周期数、注意力头数、序列长度等；讲解了如何使用超参数微调来提高模型的性能，以及提高模型性能的最佳策略；介绍了如何扩大微调范围，从数据集的 1%开始，然后根据 GPU 的整体 world size 修改关键超参数；并在最后讲述了在 Amazon SageMaker 上完成所有这些操作的关键功能。

第 8 章将学习大规模分布式训练！

第 *8* 章

SageMaker 的大规模训练

本章将介绍 Amazon SageMaker 支持高度优化的分布式训练的关键特性和功能；讲解如何针对 SageMaker 训练优化脚本以及运用关键的可用性功能；讲解使用 SageMaker 进行分布式训练的后端优化，如 GPU 健康检查、弹性训练、检查点和脚本模式等。

本章内容
- 优化 SageMaker 训练的脚本
- SageMaker 训练的顶级可用性功能

8.1 优化 SageMaker 训练的脚本

到目前为止，你已经在这本书中学到了很多！学习了预训练、GPU 优化、挑选正确的用例、数据集和模型准备、并行化基础、寻找正确的超参数等内容。其中绝大多数都适用于你选择应用它们的任何计算环境。然而，本章将专门针对 AWS 和 SageMaker。为什么？这样就可以掌握至少一个计算平台中包含的所有细微差别。一旦熟悉了一个计算平台，就可以使用它来处理任何喜欢的项目了！

首先，我们介绍一下脚本。大多数 SageMaker 训练脚本的核心至少涉及如下 3 个方面：

- 导入程序包
- 参数解析
- 函数定义和用法

接下来我们将深入分析这 3 个方面。

8.1.1 导入程序包

如前所述，可以安装和访问所需的任何软件包。有许多不同的方法可以在 SageMaker 训练中访问这些内容。至少，在定义作业时，可以带上一个 requirements.txt 文件和定义的软件包。然后 SageMaker 会使用 pip install 将这些软件安装在训练计算机上，使其可用。

或者，可以构建一个预先安装了所有这些的基本容器。这当然是最快的选择，因为它在训练过程中节省了时间。可以使用预构建的镜像和所有可用的软件包，而不是使用 pip install。另一种选择是导入自己的 Python 包，将整个项目发送到 SageMaker 训练环境。然后便可以导入正在处理的任何代码。

8.1.2 参数解析

我们在 SageMaker 训练环境中使用的一个常见的包是 argparse。如果你对此不熟悉，请允许我在此介绍一下。

一旦构建了一个 Python 脚本，就可能需要使用不同的标志、设置或参数来运行它。其中一些可能具有不同的超参数、模式或你希望脚本自动运行的功能。argparse 包是在 Python 中实现这一点的好方法。在脚本中，需要为要使用的每个参数显式添加一行代码。在 SageMaker 中，可以从图 8.1 所示的内容开始。

```
import argparse
import os

def parse_args():

    parser = argparse.ArgumentParser()

    # remember this environment variable needs to exactly match what you defined earlier
    parser.add_argument("--train_folder", type=str, default=os.environ["SM_CHANNEL_TRAIN"])

    args = parser.parse_args()

    return args
```

图 8.1　基本 arg 解析函数

如图 8.1 所示，我只是导入 argparse，创建 parser 对象，然后添加一个名为 train_folder 的参数。这将默认查找环境变量，你可能还记得这是 SageMaker 训练将信息注入环境的方式。如果你很好奇，还可浏览任何 SageMaker 训练作业的 CloudWatch 日志，以查看所有可用环境变量的列表。这些将包括你的作业的所有元数据、所有超参数等。

在这个简短例子中，我正指向训练通道。当创建训练作业时，会通过指向 S3 或 FSx for Lustre 来创建。这是我的训练数据。首先，将数据上传到 S3，然后在配置作业时指向它。SageMaker 将它复制到我的 SageMaker 训练实例上，并将它加载到本地路径上。本地路径通常类似于 /opt/ml/input/data/train/。若想指向训练容器上的本地路径，可调用 args.train_folder，或者随意定义。要读取文件，你可列出文件夹中的名称，也可将名称作为另一个参数传递。

我个人最喜欢的保持脚本整洁的方法是将所有 arg 解析打包到一个专用函数中。这样便可以整齐地返回 args 对象。图 8.2 所示的即为完整的脚本。

另一个可以传递的常见参数是 model_dir。可将其指向 SM_MODEL_DIR SM 环境变量。SageMaker 将在作业完成后将模型从训练容器写入 S3。

可以使用作业配置中的 hyperparameters 参数添加任何想要的超参数。此后，可以在脚本中使用这些参数。我已经构建了一些参数，如数据索引、如何运行脚本、检查点模型的路径，以及项目可能需要的无数其他参数。

```
import argparse
import os

def parse_args():

    parser = argparse.ArgumentParser()

    # remember this environment variable needs to exactly match what you defined earlier
    parser.add_argument("--train_folder", type=str, default=os.environ["SM_CHANNEL_TRAIN"])

    args = parser.parse_args()

    return args

if __name__ == "__main__":

    print ('running your job!')

    args = parse_args()

    print ('train path looks like {}, now we will try an ls'.format(args.train_folder))

    cmd = 'ls {}'.format(args.train_folder)

    os.system(cmd)
```

图 8.2　调用主脚本中的 arg 解析函数

8.1.3　函数定义和用法

你可以自行编写代码。可以直接复制到任何可访问的数据源或是从中复制，生成其他作业，启动其他云资源，或使用开源包——可能性是无限的。

使用 mpi 调用脚本

使用分布式训练时，SageMaker 会使用 mpi 调用脚本。如前所述，这是一个核心库，可用于运行分布式训练。我们将使用 mpirun 或 smddprun 来调用脚本。如图 8.3 所示，我们将使用所有相关参数调用脚本。

```
Invoking script with the following command:

mpirun --host algo-2:8,algo-1:8 -np 16 --allow-run-as-root --display-map --tag-output -mca btl_tcp_if_include eth0 -mca oob_tcp_if_include eth0 -mca plm_rsh_no_tree_spawn 1 -
bind-to none --map-by slot -mca pml ob1 -mca btl ^openib -mca orte_abort_on_non_zero_status 1 -mca btl_vader_single_copy_mechanism none -x NCCL_MIN_NRINGS=4 -x
NCCL_SOCKET_IFNAME=eth0 -x NCCL_DEBUG=INFO -x LD_LIBRARY_PATH -x PATH -x LD_PRELOAD=/opt/conda/lib/python3.8/site-packages/gethostname.cpython-38-x86_64-linux-gnu.so -x
NCCL_DEBUG=WARN -x SMDEBUG_LOG_LEVEL=ERROR -x SMP_DISABLE_D2O=1 -x SMP_NCCL_THROTTLE_LIMIT=1 -x FI_EFA_USE_DEVICE_RDMA=1 -x FI_PROVIDER=efa -x
RDMAV_FORK_SAFE=1 -x FI_PROVIDER=efa -x FI_EFA_USE_DEVICE_RDMA=1g -x NCCL_PROTO=simple -x SM_HOSTS -x SM_NETWORK_INTERFACE_NAME -x SM_HPS -x SM_USER_ENTRY_POINT -x
SM_FRAMEWORK_PARAMS -x SM_RESOURCE_CONFIG -x SM_INPUT_DATA_CONFIG -x SM_OUTPUT_DATA_DIR -x SM_CHANNELS -x SM_CURRENT_HOST -x SM_CURRENT_INSTANCE_TYPE -x
SM_CURRENT_INSTANCE_GROUP -x SM_CURRENT_INSTANCE_GROUP_HOSTS -x SM_INSTANCE_GROUPS -x SM_INSTANCE_GROUPS_DICT -x SM_DISTRIBUTION_INSTANCE_GROUPS -x SM_IS_HETERO -x
SM_MODULE_NAME -x SM_LOG_LEVEL -x SM_FRAMEWORK_MODULE -x SM_INPUT_DIR -x SM_INPUT_CONFIG_DIR -x SM_OUTPUT_DIR -x SM_NUM_CPUS -x SM_NUM_GPUS -x SM_MODEL_DIR -x
SM_TRAINING_ENV -x SM_USER_ARGS -x SM_OUTPUT_INTERMEDIATE_DIR -x SM_CHANNEL_TEST -x SM_CHANNEL_TRAIN -x SM_HP_ACTIVATION_LOADING_HORIZON -x SM_HP_BF16 -x SM_HP_CHECKPOINT_FREQ -x
SM_HP_DELAYED_PARAM -x SM_HP_FP16 -x SM_HP_GRADIENT_ACCUMULATION -x SM_HP_HIDDEN_WIDTH -x SM_HP_LOGGING_FREQ -x SM_HP_LR -x SM_HP_LR-DECAY-STYLE -x SM_HP_LR_DECAY_ITERS -x
SM_HP_MAX_CONTEXT_WIDTH -x SM_HP_MAX_STEPS -x SM_HP_MIN_LR -x SM_HP_NUM_HEADS -x SM_HP_NUM_KEPT_CHECKPOINTS -x SM_HP_NUM_LAYERS -x
SM_HP_OFFLOAD_ACTIVATIONS -x SM_HP_SAVE_FINAL_FULL_MODEL -x SM_HP_SEED -x SM_HP_SHARDED_DATA_PARALLEL_DEGREE -x SM_HP_TRAIN_BATCH_SIZE -x SM_HP_USE_DISTRIBUTED_TRANSFORMER -x
SM_HP_VAL_BATCH_SIZE -x SM_HP_VALIDATION_FREQ -x SM_HP_WARMUP -x PYTHONPATH -x SM_HP=mpi4py train.gpt_simple.py --activation_loading_horizon --bf16 1 --
checkpoint_freq 200 --fp16 0 --gradient_accumulation 1 --hidden_width 1536 --logging_freq 1 --lr 0.0002 --lr-decay-style linear --lr_decay_iters 125000 --
max_context_width 2048 --max_steps 100 --min_lr 1e-05 --mp_parameters
activation_loading_horizon=4,bf16=True,ddp=True,delayed_parameter_initialization=True,fp16=False,offload_activations=True,partitions=1,sharded_data_parallel_degree=2,skip_tracin
g=True --num_heads 24 --num_kept_checkpoints 5 --num_layers 48 --offload_activations 1 --save_final_full_model 0 --seed 12345 --sharded_data_parallel_degree 2 --train_batch_size
4 --use_distributed_transformer 1 --val_batch_size 4 --validation_freq 200 --warmup 0.01
```

图 8.3　SageMaker 训练如何调用脚本

这是一个非常复杂的例子，为 GPT-2 训练了数百亿个参数，但它展示了在 SageMaker 上配置分布式训练集群的许多可用方法。

日志记录和 CloudWatch

正如你可能知道的，你有许多日志记录选项。打印语句是一种很好的调试方法，但随着经验的增长，你可能转向更便于管理的 logging 包。记住，所有这些都会发送到 CloudWatch 日志，因此你可以轻松地查看和调试脚本。在 AWS 控制台中打开训练作业视图，滚动到底部，然后单击 View logs(查看日志)。这将带你进入 CloudWatch，为集群中的每个节点提供一个日志流，每个日志流都称为 algo。通常，顶部的日志流是 leader 节点，但所有流都会尝试连接到 leader，因此只需查看它们试图连接到哪个算法即可。日志将在实例联机并调用脚本后启动，因此作业开始查看这些日志可能需要几分钟。

检查点的设置

在 SageMaker 训练脚本中需要注意的最后一个参数是检查点设置(checkpointing)。在 SageMaker 中，这实际上起到了不同于模型路径的作用。在训练工作结束时，模型路径将被复制到 S3，但检查点会被全程复制。这使它们成为作业内调试、运行 TensorBoard(2)和从最新检查点重新启动的绝佳候选者。

从检查点执行重新启动是一种非常有效的学习和完善技术。这并不难——只需要在 S3 中查找正确路径，重新配置作业，然后确保在正确目录中查找基础模型。对于大型作业，我们建议至少每 2 到 3 小时检查一次。这可以使你能够轻松地解决在整个训练过程中几乎肯定会出现的任何硬件、软件、网络、数据或其他问题。

有关这方面的详细示例，请参阅本章参考文献(3)中的 GPT-2 训练示例。它实现了一个 load_partial 参数，该参数指向可以提供给检查点设置的 S3 路径。

通过 SageMaker 估计器配置作业

虽然你确实有多种运行 SageMaker 作业的方法，尤其是通过 UI、CLI

和 boto3，但最流行的方法可能是通过 Python SDK。

图 8.4 显示了一个示例。

```
import sagemaker
from sagemaker.pytorch import PyTorch

sess = sagemaker.Session()
role = sagemaker.get_execution_role()

bucket = sess.default_bucket()

estimator = PyTorch(
  entry_point="test.py",
  base_job_name="lustre-test",
  role=role,
  image_uri = '<my_image_uri>',
  source_dir="fsx_scripts",
  # configures the SageMaker training resource, you can increase as you need
  instance_count=1,
  instance_type="ml.m5.large",
  py_version="py38",
  framework_version = '1.10',
  sagemaker_session=sess,
  debugger_hook_config=False,
  hyperparamers = {'my_param_name':'my_param_value'},
  distribution = {'my_distribution_configs':values},
  # enable warm pools for 60 minutes, useful for debugging
  keep_alive_period_in_seconds = 60 * 60,
  **kwargs
)

estimator.fit(inputs = data_channels, wait=False)
```

图 8.4　使用 SageMaker 估计器运行远程训练工作

注意，我们实际上是通过 PyTorch 对象指向一个基本图像。它指向一个由你指定的框架版本定义的基本 AWS Deep Learning Container(AWS 深度学习容器)。你可以通过指向必须是 Amazon ECS 中的 Docker 容器的 image_uri 来覆盖它。还可以在这个估计器中传递以下关键参数：

- instance_count 和 instance_type，配置训练资源。
- 入口点脚本及其源目录。SageMaker 将在这里查找 requirements.txt 和主脚本来执行这两个文件。
- 超参数。同样，要根据自己的需求来定义它们。
- 分布式参数。本章的最后一节会介绍。

接下来看一看 SageMaker 训练的一些有趣的可用性功能。

8.2　SageMaker 训练的顶级可用性功能

现在，你已经了解了如何将脚本与 SageMaker 训练集成，下面继续了解 SageMaker 的几个关键知识点，这些知识点会使使用 SageMaker 变得特别容易和有趣。

8.2.1　用于快速实验的暖池

一旦 SageMaker 作业在线，它将经历以下阶段：
- 初始化资源
- 下载数据
- 下载训练图像
- 调用主脚本
- 完成后将模型工件上传到 S3

你可能想知道，如果作业中断以及必须更新几行代码，会发生什么？需要从头开始完全重启整个集群吗？

幸运的是，答案是否定的！当然不用。可以使用托管的暖池。只需要添加一个额外的超参数 keep_alive_period_in_seconds，即使在脚本失败或完全完成后，它也会使作业持续在线。这很有用，因为在许多情况下，前期作业初始化实际上是流程中最大的瓶颈。初始化的时间可能从基于 CPU 的小型实例的几分钟到基于 GPU 的大型实例的 8 分钟甚至更长。

从好的方面来说，GPU 实例的等待时间最终会节省金钱和时间，因为我们在后端运行 GPU 健康检查，以确保没有好消息。缺点是，在开发迭代之间等待 8 分钟有些长。如果只是在更新一些非常简单的东西，例如一个基本的语法错误，这就非常令人痛苦了。

托管暖池解决这个问题的步骤如下。

(1) 首先，将该超参数添加到作业配置中。

(2) 接下来，一旦作业完成训练，无论是成功还是出错，暖池状态都应该显示 Available。

(3) 之后，在提交另一个具有匹配图像 URI、实例类型和实例计数的作业时，将显示 In Use 状态，然后最终是 Reused 状态，如图 8.5 所示。

图 8.5 在控制台查看训练作业

虽然使用托管的暖池所节省的几分钟似乎收益不大，但是确实扩大了规模。临近最后期限的每一个小时都很宝贵，使用暖池与否可能就是按时和延期之别。这意味着，在一小时内，可以轻松地更新脚本数百次，而在此之前，一小时内最多只能更新 10 次。

8.2.2 SSM 和 SSH 进入训练实例

一旦作业(尤其是一个长时间运行的作业)成功启动并运行，那么未来将涉及很多复杂的步骤；这时，直接连接到实例、查看实例并运行调试命令会很有用。

幸运的是，我们对此有一个解决方案——我们自己的一组 ML SA 构建了一个自定义设计模式，可以帮助你在自己的环境中实现(1)。我们诚恳地聆听了客户的意见，反复迭代了需求，并开发了一个非常好的项目。

按照以下仓库中的步骤将其安装到你自己的 SageMaker 资源中，便可以轻松连接至正在运行的作业，并实时分析，如图 8.6 所示。

图 8.6　SageMaker 训练作业中的 SSH

　　从系统架构的角度看，评估此解决方案有两条关键路径。一方面，可以使用完全托管的服务 AWS Systems Manager。这通常比 SSH 更安全，但功能上有点受限。如果所需要的只是在远程实例上打开一个终端，运行一些调试命令，并查看正在进行的输出，那么该解决方案正好适合。设置它并不太难；只需要相应地配置 IAM 和 SSM 资源。当与暖池结合使用时，这真的很强大！

　　另一方面，也可以直接使用 SSH。SSH 通常不如 SSM 安全。这是因为 SSM 使用托管的 AWS 服务，而 SSH 则打开了任何恶意用户使用"端口转发"连接到节点的可能性。这意味着在企业环境中的许多情况下，最好都从 SSM 开始。但是，SSH 允许更新本地脚本并使用端口转发。这意味着，如果想要将本地脚本无缝地发送到远程训练实例，那么 SSH 最合适。然而，若已经有了暖池，是否需要这个就值得商榷了。如果 IDE 支持远程连接点，如 VS Code 或 PyCharm，那么 SSH 解决方案真的非常好。

8.2.3　跟踪作业和实验以复制结果

　　老实说，我个人最喜欢的 SageMaker 训练功能之一是元数据(见图 8.7)，它是最基本的用于存储有关作业的一切，并且保持默认情况下可搜索。每次提交作业时，所有的超参数、输入数据位置、图像、变量和其他有关作业的信息都会被存储。这意味着可以随时轻松地跟踪作业，登录查看CloudWatch 日志，随时从 S3 下载模型，添加词元以指定其他详细信息等。

图 8.7　在 AWS 控制台中查看训练作业元数据

所有这些数据都会长期保存在账户中，而无须支付任何费用。还可以使用 SageMaker Search 从给定的 S3 路径、实例类型或计数、超参数或任何可用值中以最高准确率查找作业。就在最近，我们推出了一些新功能，使得 SageMaker Training 的使用变得更加容易。其中之一是托管的 TensorBoard(https://aws.amazon.com/about-aws/whats-new/2023/04/amazon-sagemaker-hosted-tensorboard/)，它支持轻松跟踪和比较实验。第二个是一个新的@remote decorator，它支持非常容易地将本地函数转换为远程作业(https://aws.amazon.com/blogs/machine-learning/run-your-local-machine-learning-code-as-amazon-sagemaker-trainingjobs-with-minimal-code-changes/?sc_channel=sm&sc_campaign=Machine_Learning&sc_publisher=LINKEDIN&sc_geo=GLOBAL&sc_outcome=awareness&sc_content=ml_services&trk=machine_learning&linkId=211795861)。

接下来，用后端优化来结束本章！

使用 SageMaker 进行分布式训练的后端优化

到此，我们已经讲解了如何更新 SageMaker 的训练脚本，并且更深入

地讲述了 SageMaker 非常有趣和友好的一些方法。最后，我们将探讨
SageMaker 如何优化后端以进行大规模分布式训练。

SageMaker 可以在若干个 GPU(从几个到几千个 GPU)上启动。这要归
功于训练的核心服务，即自动打开、编排和管理所有这些 GPU 的能力。集
群在定义训练作业时定义，并如本章前面所述，使用 mpi 在所有节点之间
进行通信。可以存储所有超参数和作业元数据，将所有日志流式传输到
CloudWatch，插入喜欢的操作工具，确保节点健康，在 S3 中连接到数据，
下载并运行镜像，等等。大规模集群编排是完全有弹性的，可以轻松地从
一个实例流向数百个实例。

然而，只有配备健康的 GPU，编排成的集群才特别有用。正如本书前
文所述,编写软件以成功地在单个 GPU 中编排数万个内核是一项艰巨的任
务。即使已经更新了 CUDA、驱动程序和最新的深度学习框架，仍然可能
得到一个糟糕的 GPU。硬件故障和 GPU 故障非常常见。将训练作业扩展
到更多 GPU 时，在庞大的计算池中出现 GPU 故障的概率也会增加。
SageMaker 带来的 GPU 健康检查非常有用！我们可以追踪最新的 GPU 错
误，并在作业编排器中对这些错误进行集成检查。这意味着当你在
SageMaker 上获得一个节点时，它更有可能是健康的。

即使进行了广泛的 GPU 健康检查和大规模的作业编排，作业仍可能在
开始之前出错。可能遇到类似容量不足的错误，这表明请求的区域中没有
足够的请求实例类型；也可能遇到内部服务错误，不出意外地告诉你在你
所在的这一端出了问题。对于这些情况和其他情况，进行弹性训练是非常
有用的。添加这个很简单——只需要在训练作业配置中添加一个额外的参
数。将 max_ retry_tempts 设置为首选项；就我个人而言，每次遇到超过 8
个实例的情况时，都会将其最大值设置为 30。

虽然这对成功启动作业很有用，但也有一些客户实施了另一个重新启
动作业。当你在训练循环中完成小批量训练时，这可能会发挥作用。虽然
bf16 数据类型已被证明对提高大规模分布式 GPU 训练的稳定性极为有用，
但模型出现峰值、平稳期或下降期异常的情况仍然屡见不鲜。还可能看到
总作业吞吐量发生非预期变化。如果发生任何这些情况，明智的做法是触
发一个紧急检查点，终止作业，然后从相同的检查点和步骤号重新开始。

将训练脚本中的一些额外函数与通过 EventBridge 监听的 Lambda 函数相结合是一种常用的方法。有关一些最佳实践的最新总结，请参阅参考文献(4)的博客文章。

分布式训练库——模型和数据并行

如前所述，AWS 对分布式训练进行了优化。这些方法非常有效，可以在 SageMaker 上扩展到成百上千个 GPU。下面再详细了解一下。

还记得 AlexNet 之所以取得突破性成果，是因为它使用了多个 GPU 吗？从历史来看，多节点深度学习过程的最早方法之一被称为参数服务器(parameter server)。如图 8.8 所示，参数服务器是一种简单有效的方式，可以按比例编排分布式梯度下降。一个节点作为 leader 运行。它将梯度与工作节点同步，检查工作节点的运行状况，并维护一个全局一致的模型版本。参数服务器可能有些慢，但就消耗的带宽而言，它们实际上更高效。

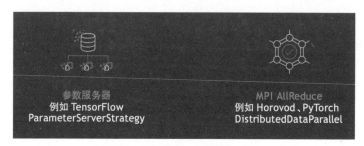

图 8.8　分布式梯度下降的历史方法

基于环的拓扑使用底层的 AllReduce 算法在所有节点之间进行通信，收集梯度的平均值并将结果分发给每个节点。这与 Horovod 和 PyTorch DistributedDataParallel 中常见的基本方法相同，由于其速度比其前一任方法更快而流行起来。

然而，AllReduce 作为一个基本的集合在规模大的情况下表现不佳。每个额外的节点都会增加 AllReduce 步骤中消耗的带宽。这意味着，随着实例的增加，扩展效率会变差，最终导致实例利用率低下，从而影响计算预算。

为应对这种负面影响，AWS 开发了用于数据并行的自定义集合。这是在 AWS 云上获得最高性能的唯一最优方式。是作为 SageMaker 分布式数据并行(SMDDP)(5)引入的，可作为 SDK 在容器中提供，并适用于任何受支持的 SageMaker 作业。SMDDP 可确保大规模 GPU 作业尽可能快速高效地运行，可用作任何受支持的分布式软件的后端。SMDDP 还与亚马逊的弹性结构适配器(AWS 上的一种低抖动、低延迟的通信增强功能)实现了集成。一般来说，SMDDP 可以让你轻松地从深度学习框架中指向它，并将其设置为分布式后端。

幸运的是，截至 2022 年 12 月，这也可以在模型并行系列中使用。现在，可使用 ddp_dist_backend:auto 在 smp_options 对象中设置一个 ddp 后端。当这个新的后端选项与第 5 章讨论的分片数据并行配置相结合时，将带来30%的性能提升！

现在，让我们快速回顾一下，结束本章。

8.3　本章小结

本章讲解了 Amazon SageMaker 用于大规模分布式训练的关键功能；研究了如何优化脚本，从导入包到解析参数、编写代码、使用 mpi 调用脚本、写入 CloudWatch 日志、设置检查点、使用 SM 估计器等；介绍了关键的可用性功能，使 SageMaker 更有趣、更友好地使用，如用于快速实验的暖池、训练实例中的 SSM 和 SSH 以及跟踪工作；讲解了分布式训练的后端优化，如 SMDDP 集合，使用它既可做到独立，也可做到与模型并行包相结合。

第 9 章将探讨分布式训练中更高级的主题！

第 *9* 章
高级训练概念

本章将介绍大规模的高级训练概念，如评估吞吐量、计算每个设备的模型 teraFLOPS(TFLOPS)、编译以及使用缩放法则来确定适宜的训练时长。完成第 8 章如何在 SageMaker 上进行大规模训练的学习之后，正好可以继续学习如何使用特别复杂和高深的技术来降低作业的总成本。更低的成本会直接转化为更高的模型性能，毕竟这意味着可以在相同的预算下训练更长的时间。

本章内容
- 使用 TFLOPS 模型评估和提高吞吐量
- 使用 Flash 注意力加速训练运行
- 通过编译加速作业
- Amazon SageMaker 训练编译器和 Neo
- 在亚马逊的 Trainium 和 Infernia 自定义硬件上运行编译后的模型
- 求解最优训练时间

9.1 评估和提高吞吐量

正如本书前面介绍的，总作业吞吐量是一个需要跟踪的重要指标。一方面，希望保持批量大小足够小，以确保模型得到适当的训练。另一方面，希望最大限度地发挥整体作业表现，以获得尽可能准确的模型。第 7 章讲解了如何使用超参数微调来解决这两个问题。第 5 章和第 8 章则介绍了减少 GPU 内存占用的其他提示和技巧。现在，继续聚焦其中的一些内容。

首先，重要的是要考虑如何从整体上衡量吞吐量。你可能已经在 PyTorch 中使用了一些日志包，它们可以在训练循环期间轻松地报告每秒的迭代次数。显然，这对记录训练速度非常有用，但是如何考虑模型的大小呢？如果你想和别人比较速度，看看是否在同一级别，该怎么办？

为了解决这个问题，许多研究团队计算了一个汇总项，将模型的大小和完成的操作这两个指标结合起来。通常，这被称为 TFLOPS 模型。这些计算根据个人团队的偏好而有所不同，不过，我们将从最近的一篇刚刚获得神经信息处理系统(Neural Information Processing Systems，NeurIPS)最佳论文奖的Chinchilla(11)论文中探索设置。你会发现 TFLOPS 模型这个词在评估大规模分布式训练系统时很常见。

计算 TFLOPS 模型

你一定听说过**每秒浮动操作数(floating operations per second，FLOPS)**。这是表示给定机器可执行多少计算的一种简单方法。越高越好，因为这意味着机器可以在相同的时间内完成更多任务。**TFLOPS** 是比较分布式训练解决方案性能的一种更简单方法。

在 Chinchilla 中，作者有一种计算 TFLOPS 模型的简洁方法。首先，要明确前向传递和反向传递的性能是不同的。反向传递的计算成本实际上是前向传递的计算成本的两倍——因为既需要计算梯度，也需要更新权重和参数。因此，模型 TFLOPS 可以用如下公式表示：

$$model_{TFLOPS} = forward\_pass + 2 \times forward\_pass$$

够简单吗？

$$forward\_pass$$
$$= embeddings + num\_layers$$
$$\times (total\_attention + dense\_block) + logits$$

Chinchilla 论文的附录 F 详细定义了其余项。另一种更简单但略不精确的计算总 TFLOPS 模型的方法是简单的 $C=6 \cdot D \cdot N$，其中 N 是模型中的参数数量。Chinchilla 实际上没有发现这种计算与前面公式中的计算之间有显著差异。

当你阅读到这些指标时，要明白每个术语都与神经网络的一部分有关，特别要注意其大小。将它们与每秒处理的词元数量相结合时，就可以得到一个真实的指标来衡量整体训练循环的效率。然后，效率指标就变成了一个可以在运行时用来比较实验的单一共同特性。

还记得在第 3 章中，讲解过如何将整个项目视为一系列实验吗？虽然项目的准确性无疑是一个关键的绩效指标，但我强烈建议再包含一个效率指标。这有助于确保最大限度地利用计算预算，且与初始训练运行、后续重新训练、推理、监控和整体项目维护有关。

例如，要明确图 9.1 所示的实验时间表。

阶段	模型类型	模型大小	数据大小	计算大小	计算效率	实验运行时间
一、小规模测试	一般预训练	基础	5~30GB	1~4 个更便宜的 GPU	低	对一个小数据样本进行一次完整的传递
二、增加数据集	半自定义	几十亿个参数	100GB~1TB	几十到几百个更好的 GPU	中等	几个 step 或几个 epoch
三、增加模型(和数据)	基本自定义	数百亿个参数	1TB	数百到数千个高性能 GPU	高	几个 step 或几个 epoch
四、最大化计算预算	完全自定义	数百亿个到数千亿个参数	1TB~1PB	数千个或更多的高性能 GPU	最先进	训练至最优时段

图 9.1 按规模为训练基础模型匹配建议的实验阶段

先明确地介绍一下这张表。在任何情况下，我都不期望每个人死板地遵守表中的内容。新的训练机制、数据集大小、模型、GPU 性能、建模结果、计算预算和观点存在无数细微差别，以至于很难在一张表格中事无巨细地纳入所有因素。有些团队即使永远无法创造出超过 10 亿个参数的模型，但仍然能够创造出一些深受世界喜爱的东西，例如 Stable Diffusion！但我向你保证，实验室的构建都是跨越了多个阶段，最终才达到大规模运行的高潮。你想学习如何将你的项目范围从非常可行扩大到非常令人印象深刻吗？如何正确处理手头的问题完成取决于你自己。

现在，来看看更多可以用来提高训练效率的方法。下一个是 Flash 注意力！

9.2　使用 Flash 注意力加速训练运行

前几章介绍了核心 Transformer 模型及其潜在的自注意力机制，该机制是当今视觉、语言和生成式用例中大多数最先进模型的基础。虽然 Transformer 模型很容易并行化，但并不特别擅长在现代 GPU 中针对不同的内存速度进行优化。在 GPU 最慢的部分实现 Transformer 时，由于实现方式简单，就造成了绩效增益的问题。

斯坦福大学领导的一个研究小组意识到他们可以改进这一点，于是开发了 Transformer 架构的新实现。简单地说，这是处理二次嵌套 for 循环的一种非常聪明的方法，如图 9.2 所示。

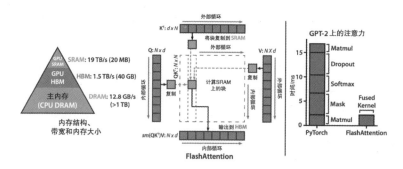

图 9.2　来自 Tri-Dao 等人的 Flash 注意力，2022(1)

图中展示了 3 个关键概念。左侧是一个简单的金字塔，显示了大多数 GPU 服务器上可用的 3 种常见类型的计算。最底层有很多 CPU 的主内存超过 1TB。然而，这在 12.8GB/s 带宽时达到峰值。接下来，是 GPU 慢速部分，内存要少得多，但带宽要大得多，只有 40GB 的 GPU HMB，但最高可达 1.5TB。最顶端是 GPU 中最快的部分，只有 20MB 的内存，但带宽高达 19TB。显然，19TB 比 1.5TB 快 10 倍多！这表明，将尽可能多的计算转移到静态随机存取存储器(SRAM)可以节省大量时间。

然而，你会注意到这 10 倍是带宽，而不一定是吞吐量。虽然纯吞吐量意味着能高效地处理大量数据，但这里的带宽有助于优化输入/输出(I/O)。这种情况下，它指的是在整个计算机架构中，数据如何在不同的数据结构之间传递。带宽控制着我们可以传递给给定计算或从给定计算传递的数据量。这意味着，当我们有一个 I/O 密集型过程时，例如自注意头中使用的二次嵌套 for 循环，将尽可能多的数据推送到带宽最高的部分是提高总体速度的一种方式。

这会给我们带来什么样的收益？在图的最右侧，你可以看到这个由 Flash 注意力提供的新融合内核的完成时间仅为简单的 PyTorch 实现中 5 个操作中的 1 个所需的时间。虽然一个简单的实现需要大约 17 秒才能完成所有矩阵乘法(Matrix multiplication，Matmul)、掩码、Softmax、Dropout、Matmul，但 Flash 注意力融合内核可以在大约几秒钟内运行所有这些！

到今，Flash 注意力还没有被直接上传到 PyTorch，但是我相信在接下来的 12 个月内它肯定会被上传。目前，你可以使用开源实现(2)。该实现表明，这会导致生成式预训练 Transformer(generative pre-trained Transformer，GPT)模型的速度比 Hugging Face 提高 3～5 倍，在每个 NVIDIA A100 GPU 上达到 189 TFLOPS。虽然这听起来不像是小规模的大跳跃，但一旦达到数百到数千个 GPU，就可以节省大量资金！自 2022 年 12 月起，SageMaker 模型并行库中提供了对 Flash 注意力的支持(3)。

接下来，看一看另一个有助于加快训练速度的高级训练概念：编译。

9.3　通过编译加快作业速度

第 4 章曾介绍过 GPU 系统架构中的一些基本概念，其中包含基础的计算统一设备架构(CUDA)软件框架，该框架支持在 GPU 上运行正常的

Python 代码。与此同时，还讨论了托管容器和深度学习框架，如 PyTorch 和 TensorFlow，它们已经在 AWS 云上经过测试并证明可以很好地运行。大多数神经网络实现的问题是，并没有针对 GPU 进行特别优化。这正是编译的用武之地；可以用编译将同一模型的速度提高两倍！

在深度学习编译器的背景下，我们最感兴趣的是加速线性代数 (accelerated linear algebra，XLA)。这是谷歌最初为 TensorFlow 开发的一个项目，该项目已合并到 Jax 框架中。PyTorch 开发人员将很高兴知道主要的编译技术已经被提升到 PyTorch 2.0 中。现在，你可以使用新的 torch.compile 方法编译任意 PyTorch 函数。

在开始任何编译示例之前，先尝试了解它是什么以及为什么它有用。假设有两个向量(如"列表")，大小都是 1000。其中一个用 0 填充，另一个用 1 填充。假设你有一个应用于这两个向量的基本操作：加法。你要将这两个向量相加，以生成长度为 1000 的第三个向量，这只是两个原始向量中每个项的直接和。

一种简单方法是遍历这两个列表，计算总和，并将其添加到新列表中。但如果你提前知道其中一个向量是零呢？你不想完全跳过加法操作吗？这样做可以节省很多时间！

这种跳越可能是某种中间表示的一种结果。正如 2020 年的一项调查(4) 所示，深度学习编译器可以分析作为神经网络的图形。首先，前端编译器计算图形的更优化版本，如融合运算符、简化代数表达式、执行静态内存规划以及更多技术。接下来，后端编译器针对特定硬件、较低级别表示、内存分配、自定义内核等再次计算此值。此后，这将生成加速器使用的新代码。

接下来让我们学习如何将编译添加到脚本中！

将编译集成到 PyTorch 脚本中

从启动 PyTorch 文档(5)中，可以看到在自己的 PyTorch 代码中使用编译有几种主要方法。首先，可以使用任何 PyTorch 内置函数，如 torch.sin 或 torch.cos，然后将这些函数传递到 torch.compile 中。它使用了我们之前讨论过的各种技术，根据可用的 GPU 编译函数。或者，可以向 PyTorch 函数添加一个装饰器，只需要@torch.compile 即可，它提供了相同的功能。这两个功能也可用于 torch.nn.Module 基本对象，这意味着你应该能够将它们用于任何 PyTorch 模型！

如果你认为这些编译加速看起来很有用，但不想重写模型代码来使用它们，那么 9.4 节会是一段非常有趣的内容，此节会介绍 AWS 上的托管编译功能——SageMaker 训练编译器(Training Compiler)和 SageMaker Neo。

9.4　Amazon SageMaker 训练编译器和 Neo

如果当前你已经在使用 Hugging Face 语言模型，如 BERT、GPT、RoBERTa、AlBERT、DistiliBERT 或数百种其他模型，那么你很幸运！不需要做太多工作，就可以轻松地将作业的运行速度提升 50%。这完全是因为 SageMaker 训练编译器(SMTC)。正如我们之前所了解到的，编译通常可能提高训练速度。SMTC 为 SageMaker 训练提供了一个托管编译功能，你可以轻松地为模型和脚本启用该功能。

如图 9.3 所示，启用此功能非常简单。在这里，我们使用 Hugging Face AWS 托管的深度学习容器，只需要添加 TrainingCompilerConfig()。如果你使用的模型带有 Hugging Face Trainer API，便会自动触发训练编译器。

```python
from sagemaker.huggingface import HuggingFace
from sagemaker.huggingface import TrainingCompilerConfig

pytorch_estimator = HuggingFace(entry_point='train.py',
                                instance_count=1,
                                instance_type='ml.p3.2xlarge',
                                transformers_version='4.11.0',
                                pytorch_version='1.9.0',
                                compiler_config=TrainingCompilerConfig(),
                                hyperparameters = {'epochs': 20,
                                                   'batch-size': 64,
                                                   'learning-rate': 0.1}
                                )

pytorch_estimator.fit({'train': 's3://my/path/to/my/training/data',
                       'test': 's3://my/path/to/my/test/data'})
```

图 9.3　配置 SageMaker 训练编译器

它是如何工作的？SMTC 在 3 个不同的级别上使用各种编译方法：图形编译、数据流编译和后端编译。图形级别的优化包括运算符融合、内存规划和代数简化。数据流级别的优化包括布局转换和公共子表达式消除。后端优化包括内存延迟隐藏和面向循环的优化。这将训练过程加速了 50%，得到的模型与未应用 SMTC 的模型相同。例如，在微调 Hugging Face 的 GPT-2 模型时，SMTC 将训练时间从近 3 小时缩短到 90 分钟！

最佳编译实践

使用编译器时，需要确保相应地更新超参数。这是因为编译器的净效果是减少模型的 GPU 内存占用。例如，如果不进行编译，模型可能消耗 10GB 的 GPU 内存。编译后，其可能降至 5GB！这开启了更多的空间来打包批量大小的对象。正如本书早些时候讲解到的，这直接提高了 GPU 的利用率，从而提高了整体项目效率。只要注意不过度增加批量大小，使收敛变得更加困难即可。还应以同样的速度提高学习率。

在某些时候，编译非常有用。但有时也会浪费时间——这是因为大多数编译器在执行代码之前需要一些时间来运行编译过程。这意味着，与正常的 Python 代码执行相比，编译器将提前运行其子进程，以生成更优化的模型版本。一旦生成，代码便会正常运行。

这种提前的编译过程引入了评估整个编译影响的关键权衡。模型训练期越长，编译带来的好处越大。这意味着，如果使用了大量的迭代周期，或者数据集很大，那么编译应该是节省计算成本的一种有用方法。就个人而言，我认为如果模型运行时间超过 30 或 40 分钟，就应该尝试寻找一种方法通过编译来缩短时间。

或者，如果你有一个参照一般频度的时间表运行的重新训练管道或作业，则可试着用编译来减少时间。我的一些客户每天、每周，甚至每隔几小时或几分钟就会对模型进行重新训练。第 14 章将深入探讨这个主题以及其他关于操作的主题。

接下来学习如何借助 PyTorch 编译，轻松使用亚马逊的自定义硬件(Trainium 和 Inferentia)进行机器学习。

9.5　在亚马逊的 Trainium 和 Inferentia 自定义硬件上运行编译后的模型

到目前为止，本书中评估的大多数加速器都是由 NVIDIA 设计和构建的 GPU。正如我们之前所了解到的，NVIDIA 出色的软件使大部分深度学习框架能在相同的 GPU 上很好地运行，这最终成为使用 GPU 的决定因素。我们早些时候还了解到，同样的 GPU 在 AWS 上也可以使用，借助机器学习服务 Amazon SageMaker 时尤其如此。

然而，你一定能意识到，这些 GPU 的价格可能很高昂！尽管 AWS 有慷慨的企业折扣计划(例如使用保留实例可以节省高达 75%的费用)，但你仍然可从学习替代方案中受益。基础经济学告诉我们，当供应增加(如通过替代加速器)，而需求保持不变时，价格就会下降！这正是我们很高兴为客户提供的：为机器学习定制的加速器——Trainium 和 Inferentia。其中，Trainium 致力于训练机器学习模型，而 Inferentia 则致力于托管。截至本书撰写之时，这些在 EC2 和 SageMaker 上可用作 Inf1 和 Trn1 实例。

幸运的是，对于那些读过 9.3 节编译内容的人来说，许多使用 XLA 编译的模型都得到 Trainium 和 Inferentia 的支持！这意味着，如果你已经在使用 XLA 编译，无论是通过 PyTorch 还是 TensorFlow，都能成功地迁移到 Trainium 和 Inferentia。然而，需要注意的是，并不是每个模型和操作都有这些支持。在开发和测试过程中，预计会有一些磨合。AWS Neuron 软件开发工具包(SDK)是测试兼容性的好工具(7)。

评估自定义加速器有以下两个原因。

- 首先，这是一种新硬件。这对于科学家来说尤其有价值，因为这意味着可以成为世界上第一个在这种硬件上使用某类模型的人。这实际上可能会增加发表文章和获得认可的概率，因为可以根据这个模型的表现得到真正新颖的见解。
- 其次，与我们在 AWS 上的所有新实例一样，性价比应该比以前高得多。

什么是性价比？就是先考虑每个需要完成的任务：对于 Inferentia 来说，

这是完成的模型推理请求；对于 Trainium 来说，则是训练循环中的步骤。再考虑每个要完成的任务的成本。现在已经算出一个比例了！与 GPU 实例相比，Trn1 实例节省了高达 50% 的训练成本，Amazon Search 通过 Inferentia 将其推理成本降低了 85%(8)。

　　现在，我们已经简单研究了 Trainium 和 Inferentia，接下来探索如何使用缩放法则求解最优训练时间。

9.6　求解最优训练时间

　　在训练大型视觉和语言模型时，时间是一个有趣的结构。一方面，可将它看作一个超参数，简单地说就是迭代周期的数量。另一方面，也可以将其视为训练数据的一个方面，即词元或图像的总数。还可以将其视为项目的固定输入，即总计算预算。与我合作的大多数研究团队都凭直觉和良好的判断力来使用所有这些组合。

　　正如我们在前文了解到的，缩放法则提供了一个有趣的理论工具，可用它来预测模型性能。其原作者 Kaplan 等人(9)实际上建议，给定计算预算的最佳使用将"在收敛之前明显停止"。之所以提出这一点是因为他们对大型语言模型提出的见解比小型语言模型更具"样本效率"。

　　然而，2022 年，这些原始法则被推翻了。图 9.4 展示的是由 Chinchilla 提出的一组新缩放法则所确定的理论预测。

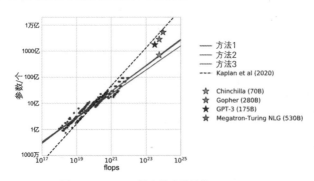

图 9.4　Hoffman 等人的改进性能，2022(10)

在这里，Hoffman 等人提出了一个简洁的建议，即训练数据和模型大小应该呈线性递增的关系。也就是说，如果模型的大小增加一倍，则训练数据的大小增加两倍。我很欣赏这种自然的对称性，并发现它非常直观。令人高兴的是，这些预测得到了不少于 400 个模型、150 个下游任务和 6 个领域的广泛经验证据的验证，包括语言建模、阅读理解、问答、常识推理等。根据作者的说法，Chinchilla 在一系列下游评估任务上一致且显著地优于 Gopher(280B)、GPT-3(175B)、Jurassci-1(178B) 和 Megatron-Turing NLG(530B)。这意味着这些模型训练不足，实际上需要更大的数据集来验证其参数大小。

借助这些方程和大量的实验结果，作者总结出如图 9.5 所示的参数、flops 和词元的值集。

参数数量/个	flops	flops(Gopher单元)	词元数量/个
4亿	1.92e+19	1/29968	80亿
10亿	1.21e+20	1/4761	202亿
100亿	1.23e+22	1/46	2051亿
670亿	5.76e+23	1	1.5万亿
1750亿	3.85e+24	6.7	3.7万亿
2800亿	9.90e+24	17.2	5.9万亿
5200亿	3.43e+25	59.5	11.0万亿
1万亿	1.27e+26	221.3	21.2万亿
10万亿	1.30e+28	22515.9	216.2万亿

图 9.5　每个模型大小的建议 flops 和词元

记住，在查看 flops 值时，需要考虑以下内容：

(1) 希望这种模式能给组织带来什么价值？

(2) 由此，可以计划什么样的总计算预算？

(3) 训练数据有多大？

(4) 基于此，应该使用多大的模型？

(5) 训练循环和分布式系统的效率如何？换句话说，每个 GPU 上能实现多少 tflops？

(6) 可从云提供商那里获得多少 GPU？

(7) 整个训练循环需要运行多长时间才能训练到收敛？

问题(1)、(2)、(3)和(5)的答案只能由你提供。问题(4)和(7)的答案是前面答案的函数导数。我想说，问题(6)的答案是介于(1)答案的函数导数和当时市场的实情之间的一半。如果电子产品存在全球供应链问题，那么访问 GPU 将很困难。

哇，你已经完成了高级章节！现在让我们快速回顾一下概念，然后进入第 Ⅳ 部分：评估模型。

9.7　本章小结

本章介绍了训练大规模视觉和语言模型的一些高级概念。首先，讲解了如何通过计算每个 GPU 的 tflops 模型来评估和提升吞吐量，并将其作为比较实验结果的诸多指标之一；接着讲解了 Flash 注意力，以及它的 I/O 感知优化的二次 for 循环如何将 Transformer 的自注意力机制提速 3～5 倍；介绍了如何使用 PyTorch 内置的简单方法以及 AWS 托管的方法进行编译；介绍了几种不同类型的编译方法；探讨了在编译期望(或不期望)提升的情况下如何为编译更新超参数；介绍了如何针对机器学习、Trainium 和 Inferentia，使用编译器在 Amazon 的定制硬件上运行；最后，利用缩放法则求解出最优训练时间。

第 10 章将学习如何对模型进行微调，并将其与开源替代方案进行比较。

第IV部分
评估模型

第IV部分学习如何评估模型。本部分将使用缩放法则来确定尽可能短的训练时间，微调模型以与公共基准进行比较，并识别和减少偏差。

本部分的内容如下。

- 第 10 章：微调和评估
- 第 11 章：检测、减少和监控偏差

第 *10* 章

微调和评估

本章讲解如何在用例的特定数据集上微调模型，将其性能与现成的公共模型进行比较；讲解如何利用预训练机制来提升数量和质量；列举一些关于语言、文本以及介于两者之间一切事宜的示例；讲解如何思考和设计人机回环评估系统，包括使 ChatGPT 运行的同一 RLHF！本章的重点是更新模型的可训练权重。模拟学习但不更新权重的技术(如提示微调和标准检索增强生成)则需要参见第 13 章。

本章内容

- 对语言、文本和其间的一切进行微调
- LLM 微调细分——指令微调、参数有效微调和人类反馈强化学习
- 视觉微调
- 评估视觉、语言和视觉-语言任务中的基础模型

10.1 对语言、文本和其间的一切进行微调

前面的章节已经讲解了很多基础知识；主要关注预训练方面，从寻找适合的用例和数据集到定义损失函数、准备模型和数据集、定义逐步扩大的实验、使用 GPU、找到正确的超参数，还介绍了并行化基础知识和一些高级概念！在本章，将探讨如何使模型更加针对特定的应用程序：微调。

如果你正在着手处理一个大型训练项目,那么你可能有以下目标之一:

- 对自己的基础模型进行预训练
- 为自动驾驶汽车设计一种新颖的方法
- 对 3D 数据(例如房地产或制造业数据)进行分类和分割
- 训练一个大型文本分类模型或设计一个新颖的图像文本生成模型
- 构建一个文本到音乐生成器,或者开发一种全新的联合训练模式,但尚未被机器学习社区发现
- 训练一个大型语言模型,以解决针对整个世界或特定社区、语言、组织的一般性搜索和问答问题

所有这些用例都有一些共同点:使用一个大规模模型,通过在极端规模的数据集和模型大小中学习模式来实现通用智能。然而,在许多情况下,只有当微调这些模型以解决特定问题时,这些模型才会变得非常有用。这并不是说你不能简单地部署其中一个,并使用专门的提示工程来立即获得有用的结果(事实上你可以,本书后面将深入探讨这一点),但仅靠提示工程所获得的效果有限。更常见的做法是将提示工程与微调相结合,只关注模型的目标应用程序,并使用所有的创造力和技能来解决实际的人类问题。

我喜欢把这种预训练和微调范式看成通识教育和专识教育(专业训练)之间的区别,正如正规的本科生和研究生课程、在线课程或者在职训练的区别一样。通识教育广而泛;如果做得好,它会囊括许多学科的广泛技能。可以说,通识教育主要输出批判性思维本身。

专业训练则极为不同;它是在某些极窄的领域内高度关注卓越。专业训练的例子包括获得硕士学位、证书,参加研讨会或训练营。它通常输出应用于某个特定垂直领域的批判性思维。

虽然这种直观的差异很容易理解,但在实践中,针对这两种知识设计优化效果良好的机器学习应用程序和实验并使其保持更新和迭代,就不那么容易了。就个人而言,我认为预训练和微调模型的结合是迄今为止最好的解决方案。这可能是我们未来几年甚至几十年继续与机器学习打交道的方式。

学到这里,你应该开始有了一种舒服自如的感觉,构建一个奇妙的机器学习应用程序或有效实验的艺术在于使用通用和专业模型中的最优模型。不要把自己局限于单一的模型;这几乎等同于将自己局限于单一的世界观或视

角。增加使用的模型类型的数量可能提高应用程序的整体智能。只要确保正在分阶段进行每个实验和冲刺,并有明确的目标和可交付成果即可。

可使用一个单独的预训练模型(如 GPT-2),然后对其进行微调,以生成方言文本。或者,可使用预训练的模型(如 Stable Diffusion)对输入文本进行特征化,然后将其传递给下游模型(如 KNN)。

> **提示**
> 这是解决图像搜索的好方法! 或者,你可以使用下面列出的任何一种微调机制。

10.1.1 微调纯语言模型

如果模型是一个纯语言项目——受 BERT 或 GPT 的启发——那么在完成了预训练或达到了一个重要的里程碑后(可能需要几百步左右),就会想在更具体的数据集上微调预训练的基础模型。我会开始考虑将模型应用于哪个用例——可能是在我拥有最多监督训练数据的地方。这也可能是业务中对客户影响最大的一部分——从客户支持、搜索、问答到翻译。你还可以探索产品构思、功能请求优先级、文档生成、文本自动完成等。

收集监督数据,并按第 8 章有关分析数据的步骤执行操作。我有很多笔记可用来比较数据集,运行摘要统计数据,并比较关键特征的分布情况。根据这个基本分析结果,我会做一些训练作业! 这些可以是全面的 SageMaker 训练作业,也可以只是使用笔记实例或 Studio 资源。通常情况下,微调作业并不是很大;微调几个 GB 左右更常见。如果数据更大,我就倾向于将它完全添加到预训练数据集中。

最终模型应该将预训练项目的输出和通用数据与目标用例相结合。如果作业做对了,就会有很多用例,因此微调可以让你把预训练好的模型与所有用例结合使用!

就个人而言,我会将 Hugging Face 用于纯语言的项目,并将新预训练模型作为基础对象。你可按照 SDK 中的步骤指向不同的下游任务。现在的情况是,我们使用预训练的模型作为神经网络的基础,然后简单地在末尾添加额外的层,以更接近你想要处理的用例的格式来渲染输出词元。

可再次选择所有超参数。这是另一次超参数微调，也非常有用；让它成为你的朋友，轻松地遍历模型的几十到几百次迭代，找到最好的版本。

接着，让我们为显式更新模型参数的语言分解不同的微调策略，如表 10.1 所示。我丝毫不怀疑，在如今高速的发展趋势下，总有更好的方法来解决这些问题。

表 10.1 不同的微调策略

名称	方法	结果
经典微调	这需要一组受监督的文本对和一个预训练的基础模型，并向模型中添加一个新的下游头。新的头以及可能有原始模型的若干层，都会更新	新模型在给定的任务和数据集上表现良好，但在此之外失败了
指令微调	该技术本质上是正常的微调，但关键是使用提供的具有明确指令和所需响应的数据集。关于样本数据集，可参阅斯坦福大学的 Alpaca 项目(1)。指令是诸如"给我讲个故事""制定计划"或"总结文章"的命令	基础生成模型生成任意文本，并且仅在具有复杂提示工程的少样本学习情况下表现良好。一旦指令经过微调，模型便可以在零样本情况下很好地响应，而不需要提示本身有任何示例。自然，人类非常喜欢这种方式，因为它使用起来更简捷
参数有效性微调(PEFT)	受 LoRA(2)的启发，基于 PEFT 的技术将新的可训练矩阵注入原始模型中，而非更新原始模型的所有权重。这使得训练和储存更高效，成本效益高达 3 倍	对于类似的数据集，基于 PEFT 的方法似乎满足完全微调的准确水平，同时只需要较少数量级的计算。新训练的层可以像经典的微调模型一样重复使用。就个人而言，我想知道这种方法是否可以为基础模型解锁大规模的超参数微调
领域自适应	语言模型使用基本上无监督的数据，这种技术支持继续对模型进行预训练。这与将模型的性能集中在一个新的领域(如特定行业的垂直或专有数据集)最相关	这导致了一个更新的基础模型，该模型应该知道基于其更新的领域的新词汇和术语。它仍然需要特定任务的微调，以在特定任务上实现最佳性能

(续表)

名称	方法	结果
利用人类反馈强化学习(RLHF)	这项技术能够大规模量化人类对生成内容的偏好。这个过程会将多个模型响应置于人类的标签器前，并要求对它们进行排名。这用于训练奖励模型，该模型作为训练新 LLM 的强化学习过程的指南。稍后将对此进行详细讨论	OpenAI 表明使用 RLHF 训练的模型一直是人类的首选(3)，甚至超过了指令微调。这是因为奖励模型学习了一组人员普遍认为更好的生成内容。再通过强化学习将该偏好合并到 LLM 中

如果你想直接切入这些技术的学习，包括它们如何用于实际示例，就可以直接进入仓库的学习。你也可以直接跳到第 15 章，深入了解参数高效调优。记住，在第 13 章中，我们将了解所有模拟学习的技术，但不更新模型本身的任何参数；其中包括提示微调、提示工程、前缀微调等。接下来，先让我们学习一下微调纯视觉模型。

10.1.2　微调纯视觉模型

视觉是一个与语言完全不同的世界。在语言项目中，采用大型预训练模型(如 BERT 或 GPT)，添加额外的数据集进行微调，并获得相当好的开箱即用性能，这是一种比较可靠的做法。这并不是说语言项目没有大量其他的细微差别和问题，相反这些都确实存在，但通过简单的微调获得相当好性能的总体可能性很高。

在视觉项目中，立即获得良好表现的可能性并没有那么高。你可能有一个来自 ImageNet 的模型，你想用它作为基础模型，然后与一组不同的词元图像配对。如果图片看起来源自 ImageNet，那么一切都好。然而，如果图像完全不同，即风格、色调、性格、细微差别或模式不同，那么模型很可能不会立即表现得那么好。这是一个由来已久的视觉问题，基于基础模型。

顶尖视觉研究者 Kate Saenko 率先提出了解决这一问题的方法，她称之为分布偏差。正如她在 2010 年的第一篇论文中所指出的那样(5)，核心问题是域之间的巨大差距。在计算机视觉中，使用预训练的模型，专注于一个特定的数据集，并不能很好地转化为下游任务。即使在一组新的词元样本上对预训练的基础模型进行微调后，该模型也可能简单地过拟合，甚至不能很好地学习新的领域。

Kate 的工作表明，事实上，使用最近预训练的基础模型对克服这一领域的适应问题非常有帮助(6)，如图 10.1 所示。她发现只使用最先进的主干网比现有的最先进的域自适应基准要好，可在 OfficeHome 和 DomainNet 上设置分别改善 10.7%和 5.5%的新基准。这种情况下，主干网指的是模型，这里是 ConvNext-T、DeiT-S 和 Swin-S。

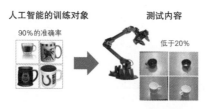

图 10.1　摘自 Kate Saenko 的 WACV 2023 年预训练研讨会主题演讲(4)

在同一项研究中，Kate 还发现体型较大的模型往往表现得更好。在图 10.2 中，你可以看到，通过将模型大小增加数千万个参数，也能提高准确性。

图 10.2　Saenko 关于增加模型大小对视觉影响的结果

前面介绍了一些与纯视觉相关的微调机制，接下来一起探索视觉和语言相结合的微调机制！

10.1.3 微调视觉语言模型

首先，回顾一下视觉和语言的明确组合所特有的一些有趣任务。其中包括视觉问答、文本到图像、文本到音乐，以及 Allie Miller 喜欢说的"文本到一切"；还包括图像描述、视频描述、视觉暗示、底色等。可以在电子商务应用程序中使用视觉语言模型来确保页面上有正确的产品，甚至也可在电影行业的故事板上生成新的点。

在最基本层面上，对预训练视觉语言模型进行微调，应该遵循与我们讨论的其他范式相同的模式。你需要一个基础模型，然后需要一组遵循相同标签模式的数据。如果你用过 Lensa 应用程序，那么你已经对视觉语言模型的微调有点熟悉了！Lensa 会要求你将自己的照片上传到应用程序中。我猜会拍下这些照片，并在你的这些新图像上快速微调 Stable Diffusion，然后，使用提示工具和内容过滤器将图像发回给你。

Riffusion 最近另一个视觉语言微调的案例研究给我留下了深刻印象，那就是 Riffusion(7)。从现在起，你可以使用 Riffusion 的免费网站收听由文本生成的音乐，而且非常棒！Riffusion 构建了一个开源框架，可以获取音频片段并将其转换为图像。这些图像被称为频谱图，是使用短时傅立叶变换的结果，短时傅立叶变换是将音频转换为二维图像的近似值。这就成为声音本身的视觉特征。频谱图也可以转换回音频本身，产生声音。

自然，Riffusion 使用音频片段的简短文本描述作为每个图像的文本标签；瞧！Riffusion 有一个词元用来微调 Stable Diffusion 的带标签的数据集。Riffusion 使用这些频谱图和文本描述对模型进行微调并托管它。现在，你可以直接写一个文本提示，如 Jamaican dancehall vocals 或 SunriseDJ Set，Riffusion 的模型将生成音频！

我喜欢这个项目的原因是作者更进了一步：Riffusion 设计了一个新颖的平滑函数，可以从一个频谱图无缝过渡到另一个频谱图。这意味着，当你使用 Riffusion 的网站时，可很自然地从一种音乐模式过渡到另一种。所有这一切都是通过大型预训练的 Stable Diffusion 基础模型并搭配 Riffusion 新颖的图像/文本数据集进行微调而实现的。据记录，还有相当多的其他音乐生成项目，包括 MusicLM(8)、DiffusionLM(9)、MuseNet(10)等。

既然你已经了解了各种预训练和微调机制，你应该会非常有兴趣探究如何使用你一直在训练的模型。接下来学习如何与开源模型进行性能比较！

10.2 评估基础模型

到目前为止，正如本书多次讨论的那样，进行大规模训练的主要原因是开源模型不适合你。在开始自己的大型训练项目之前，你应该提前完成以下步骤：

(1) 在特定用例上测试了一个开源模型

(2) 识别性能差距

(3) 在一小部分数据子集上微调相同的开源模型

(4) 发现较小的性能差距

重点是，从经验上看，你应该有理由相信开源模型解决了一些业务问题。你还需要从经验上证明小规模的微调如出一辙；应该提高了系统性能，但仍有改进的余地。整个 10.2.1 节的内容都是关于评估改进空间的，接下来先试着了解如何评估基础模型。

评估基础模型分为两个阶段。第一，我们关心预训练的性能。你希望看到预训练损失的下降，无论是掩膜语言建模损失、因果建模损失、扩散损失、困惑度、FID 还是其他任何损失。第二，我们关心下游的性能。这可以是分类、命名实体识别、推荐、纯生成、问答、聊天或其他任何方式。前几章介绍了评估预训练损失函数。接下来，我们将主要介绍下游任务的评估，先从视觉模型中的一些主要术语开始。

10.2.1 视觉模型评估指标

与所有机器学习一样，视觉项目中的评估完全取决于手头的任务。常见的视觉任务包括图像分类、目标检测、分类、分割、面部识别、姿态估计、分割图等。图像分类问题主要的评估指标仍旧是准确性！与任何分类任务一样，精确率和召回率在这里仍然是相关的。

如图 10.3 所示，对于目标检测，这个问题要困难得多。仅仅知道给定的类是否在图像中的任何位置是不够的；还需要模型知道图像的哪个部分包括目标。

图 10.3 交并比

目标检测在自动驾驶、制造、安全、零售等应用中都非常有用。通常，仅识别一个目标是不够的；你要将盒子消耗的错误像素量最小化，同时将正确像素量最大化。

这里使用的是 IOU，字面意思是交并比。正如你所看到的，这一项对应于两个边界框重叠的面积除以这两个边界框并集的面积。正如你所想象的，更大的 IOU 更好，因为这意味着边界框更一致。较小的 IOU 意味着两者之间仍然存在很大程度的差异，并且分类器可能无法捕获相似数量的信息。如果目标检测器有很多不同的类，你有可能会觉得这很有趣，并且想比较这些。你也可以取所有类的加权平均 IOU，得到平均交并比(mIOU)。

在目标检测算法中聚合许多分类器的总体性能的另一种常见方法是mAP，即平均精确率均值。单个模型的 mAP 可以称为平均精确率，因为它是所有分类阈值结果的平均值。多个模型的 mAP 取自每个类的平均值，因此是平均精确率均值(mAP)。

基础模型空间中另一个真正有趣的视觉解决方案是 Meta(9)的分段任意模型(SAM)。如图 10.4 所示，它提出了一个新的任务、数据集和模型，以实现提示驱动的掩膜生成。分割图是计算机视觉中的一种有用的结构，用于识别图像中属于特定类的像素。在这项工作中，SAM 学习如何基于给定的图像和自然语言提示生成新的分割图。然后，隔离图像中提供的像素，以解决自然语言提示提出的问题。

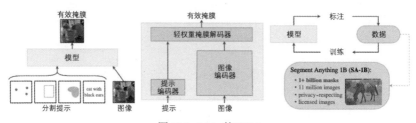

图 10.4   Meta 的 SAM

为了评估该模型生成的分割图，Meta 团队随机抽取了 50000 个掩膜，并要求他们的专业注释人员使用"画笔"和"橡皮擦"等图像处理工具来提高这些掩膜的质量。然后，他们计算了原始图和最终图之间的 IoU。

以上是我们查看的一些视觉评估示例，接下来对语言项目执行同样的操作。

10.2.2   语言模型评估指标

虽然许多分类类型指标仍然适用于语言，但如何评估生成的语言本身就是一个挑战。有人可能会说，人文学科中的许多学科，如文学批评、历史和哲学，都归结为对给定的书面文本语料库的评估。目前还不清楚如何应用所有这些学习来提高大型语言模型的输出。

斯坦福大学基础模型研究中心的 HELM(12)项目是为其提供标准化框架的一种尝试。HELM 即为 Holistic Evaluation of Language Models(语言模型的整体评价)。它提供了一个极其丰富的多种评估指标分类法，包括准确性、公平性、偏差、毒性等，以及目前可用的近 30 个 LLM 的结果。图 10.5 所示的是一个简短例子(13)。它标准化了跨模型和数据集评估的指标。

图 10.5 HELM 中多个指标的分类

HELM 评级是开源的，可在 Web 界面(14)和 GitHub 仓库(15)中获得。许多情况下，当你正在寻找最佳模型作为基础模型时，HELM 是一个很好的起点。接下来，让我们详细探讨这些评估指标，从翻译开始，然后进行总结、问答，最后是纯生成。

自然语言处理的最早应用之一是翻译，也称为机器翻译。从字面上讲，这意味着训练一个大型语言模型来学习成对提供的字符串之间的关系，例如跨自然语言的翻译，如英语到德语。用于比较生成的翻译质量的一个早期指标是 Bleu，它是由 IBM 的一个团队在 2002 年的 ACL 会议上提出的(16)。他们称该方法为**双语替换测评(bilingual evaluation understudy)**，即 Bleu。通常，这是指比较模型生成的精确单词，以及目标句子中是否出现完全相同的单词集。

然而，Bleu 有很多缺点，例如无法充分处理同义词、同一单词的小变体、单词的重要性或它们的顺序。出于这些原因，许多从业者使用最近开发的评估指标，如 rouge(17)。与 Bleu 期待直译不同的是，rouge 期待文本的摘要。rouge 会统计重叠子单词、单词序列和单词对的数量。

问答中的评估很有趣。根据提供的问题，通常需要检索与该问题相关的文档。几年前，这一问题通常通过 TF-IDF 评分来解决——当然它是因为谷歌的页面排名而闻名，而该排名根据链接其他高质量网站页面的次数来决定。如今，NLP 初创公司 deepset 有一个有趣的解决方案，称为 haystack，它可为你自己的预训练 NLP 模型提供一个方便的封装，以检索与问题最相关的文档。

评估问答系统的另一部分实际上是所呈现的文本作为答案的质量。可以简单地尝试使用信息检索技术来查找原始文档中与问题最相关的部分。或者，可以尝试总结文档或文档中与问题最相似的部分。如果有大量的词元数据(如单击流数据)，实际上可以准确地指向文档中接收单击数据最多的部分，并将其作为答案。显然，这就是谷歌今天所做的。

评估生成文本的质量尤其具有挑战性。虽然分类和其他一些 ML 问题有一个固有的客观答案，即人类标签显然是对的或错的，但文学分析中的情况并非如此。文学分析通常有很多正确的答案，这是因为理性的人对如何解释给定的故事或文本有不同的看法。这是一个关于主观性的例子。

在评价生成文本时，如何处理主观性和客观性之间的差异？我至少能想出 3 种方法。首先，我很喜欢训练判别器。如果准确，那么判别器就是一个用阳性和阴性样本训练的分类器，例如尝试模仿某个作者的风格。与 GPT-3 的随机输出相比，你可以使用作者作品的小样本轻松地对基于 BERT 的模型进行微调，并获得一种非常可靠的方法来评估生成的文本。另一个有趣的项目是 GPTScore，它使用零样本提示来测试其他 LLM: https://arxiv.org/pdf/2302.04166.pdf。

也可以人为给响应贴上标签，然后简单地将标签汇总。我个人对 ChatGPT 处理这个问题的有趣方法有非常深刻的印象。ChatGPT 只是要求人类对 GPT-3 模型的响应进行排名，然后使用强化学习对模型进行优化，以获得最佳响应！我们将在 10.3 节深入探讨这一点。

到此，你已经了解了语言中的一些评估指标，接下来在联合训练的视觉-语言任务中探索这些指标。

10.2.3 联合视觉-语言任务中的模型评估指标

基于 diffusion(扩散)的模型自发布以来，就备受瞩目。这些模型通常是联合训练视觉和语言模型，学习如何使用称为"扩散"的过程生成图像。该过程会学习所提供的单词和图像本身之间的关系，从而使消费者能够简单地通过提供一组新单词来轻松地生成新图像。在验证集的训练过程中获取低损失后，评估通常由消费者离线手动完成。大多数人只是猜测和检查，用一些不同的超参数测试模型，最终只选择他们最喜欢的图片。一个雄心勃勃的团队可能会训练一个判别器，类似于我之前提到的评估生成文本的判别器。

但是，如果你想专注于一个特定的目标，并只是将该目标放在不同背景上，该怎么办？将该目标样式化，或者改变它的情绪或姿势？幸运的是，现在你可以了！波士顿大学的 Nataniel Ruiz 在谷歌实习期间，开发了一个名为 DreamBooth 的项目(18)，如图 10.6 所示。

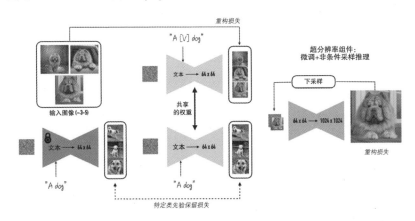

图 10.6 使用 DreamBooth 微调保留损失

DreamBooth 通过自定义词元和专门损失函数来实现这一点。损失函数被称为先验保护(prior preservation)，它的建立是为了应对视觉微调中常见的过拟合，以及在语言微调中发生的语言漂移问题。本书并不详细讲解损失函数的数学细节。一般来说，这种新的损失函数会在微调过程中保留自己生成的样本，并在监督过程中使用这些样本。这有助于它保留先验。作者发现，大约 200 个迭代周期和 3~5 个输入训练图像就足以提供出色的图像。你可将此自定义损失函数视为图像文本模型的另一种评估类型。

既然我们已经探索了视觉和语言模型的各种评估方法，接下来让我们一起来了解如何让人类参与其中！

10.2.4 通过 SageMaker Ground Truth 将人类视角与标签相结合

显然，将人类视角融入作品的一个关键方法是打标签！在 AWS，我们既有一个名为 Mechanical Turk(MTurk)的低级别标签服务，也有一个托管功能，名为 SageMaker Ground Truth，如图 10.7 所示。MTurk 已经通过用于创建像 ImageNet 这样著名的数据集而影响了整个机器学习领域！就个人而言，我是 SageMaker Ground Truth 的粉丝，因为它更容易用于预构建的图像标签任务，如目标检测、图像分类和语义分割。它附带了 NLP 的任务，如文本分类、命名实体识别、视频任务和 3D 点云任务。

图 10.7　使用 SageMaker Ground Truth 管理数据标签

你可将自己的 HTML 框架带到任意 ML 任务中，甚至可以利用主动标签(19)功能，使用已经打标签的记录动态训练模型，并加快整个打标签过程。对于支持的内置任务，如图像分类、语义分割、目标检测和文本分类，这意味着你将在已经打标签的数据上实际训练 ML 模型，然后对未打标签的数据进行推理。当模型的响应至少有 80%的置信度时，它会被视为标签样本。如果不是，则会将其发送到手动团队打标签。总的来说，这可以显著降低项目成本。

SageMaker Ground Truth 的另一个不错的功能是，它可以代表你自动合并标签中的任何差异。你可以定义需要为对象打标签的人数，通常会查看每个标签的准确度；然后，使用每人的平均准确度来合并每个对象的结果。

还可通过增强人工智能解决方案将托管模型连接到 SageMaker Ground

Truth。这意味着可通过 SageMaker Ground Truth 设置一个触发器,将模型推理响应路由到手动打标签团队,以审核响应,确保其准确且对人类无害。

到此,已经介绍完如何在 ML 项目中加入人工标签,接下来继续分解让 ChatGPT 发挥作用的方法!

10.3　从人类反馈中强化学习

关于 ChatGPT,至少有两件事是不可否认的。首先,它的发布引起了轰动。如果你关注社交媒体和一般媒体上的 ML 主题,就可能会记得,从编写新食谱到创业成长计划,从网站代码到 Python 数据分析技巧,人们几乎在所有领域使用 ML。实际上,就性能而言,它比世界上以前见过的其他任何基于提示的 NLP 解决方案都好得多。它在问答、文本生成、分类和许多其他领域建立了一种新的技术状态。它太出色了,在某些情况下甚至比基本的谷歌搜索还好!他们是怎么做到的?RLHF(人类反馈强化学习)就是答案!如图 10.8 所示。

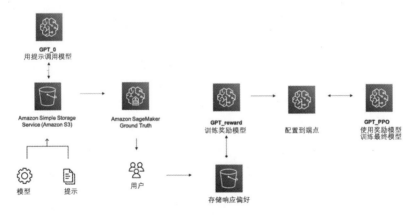

图 10.8　人类反馈强化学习

虽然 RLHF 本身并不是一个新概念,但其在大型语言模型领域中最明显的成功应用无疑是 ChatGPT。ChatGPT 的前身是 InstructGPT(20),其中 OpenAI 开发了一个新的框架来改进 GPT-3 的模型响应。尽管参数缩减至

1/100，但 InstructGPT 实际上在许多文本生成场景中都优于 GPT-3。通过在训练数据中添加明确的对话框架，ChatGPT 得以更上一层楼。这种对话有助于维护整个聊天的语境，将模型引用回消费者提供的顶级数据点。

下面拆解强化学习过程！为了简化流程，可将其分解为 3 个关键步骤。

(1) 首先，从由人类在线托管的预训练模型中收集数据。根据人类提供的实际问题，OpenAI 会将这些相同的问题发送给手动打标签团队。然后使用这组标签数据来微调大型 GPT-3 模型——这种情况下，它是专门的 GPT-3.5。

(2) 接下来，使用经过微调的模型并提交提示。在此之后，OpenAI 要求人类打标签者简单地对输出进行排序。我喜欢这种方法，因为它能很好地将固有的主观任务(以自由形式生成的任务)与客观目标(生成更好的机器学习模型)联系起来。当人类将响应按最好到最差的顺序进行排序时，便回避了主观问题"这是好是坏？"，而是用客观问题"你最喜欢哪一个？"来代替。这些排序的响应帮助训练了一个奖励模型——这只是一个机器学习模型，接受给定的提示，并根据人类的响应进行评分。我猜测这是一个回归模型，但分类也可以完成同样的工作。

(3) 最后，OpenAI 会专门使用强化学习算法 PPO 来连接这些点。它会引发 LLM 的迅速响应，在强化学习文献中，我们称之为采取动作。这种响应的奖励是通过将其与步骤(2)中刚刚训练的奖励模型进行比较来产生的。该奖励用于更新 PPO 算法，从而确保其提供的下一个响应更接近所能获得的最高奖励。

简言之，这就是 RLHF！我认为这是一种将细微的人类偏好与机器学习模型相结合的绝妙方法，我迫不及待地想在我的下一个项目中尝试一下。

在进入第 11 章之前，让我们快速回顾一下本章涵盖的所有概念。

10.4 本章小结

本章的目标是让你更好地了解对机器学习模型的整体微调和评估，将其与开源选项进行比较，并最终让人类参与其中。

　　我们首先回顾了纯语言、文本以及其间的一切，讨论了通识和专识的好处；分析了如何对纯语言模型进行微调，以及在使用少量数据的情况下如何实现这一点；还讨论了微调纯视觉模型，以及通常情况下过拟合使其成为一个具有挑战性的命题的可能性；研究了联合训练的视觉-语言模型的微调，包括 Stable Diffusion 和一个有趣的开源项目 Rifffusion；比较了其与现成的公共模型的性能；专门讲解了视觉的模型评估指标，以及语言和新兴的联合视觉-语言空间；最后讨论了 ChatGPT 中使用的 RLHF！

　　现在，就已经完全做好了在第 10 章学习检测和减少机器学习项目中的偏差的准备。

第 *11* 章

检测、减少和监控偏差

本章将分析大型视觉、语言和多模态模型的主流偏差识别和减少策略，从统计学以及如何以批判性方式影响人类的角度来阐释偏差的概念，帮助你掌握在视觉和语言模型中量化和消除偏差的主流方法，最终能够制定监控策略，并能在应用机器学习(ML)模型时减少各种伤害。

本章内容
- 检测机器学习模型中的偏差
- 减少视觉和语言模型中的偏差
- 监控机器学习模型中的偏差
- 使用 SageMaker Clarify 检测、减少和监控偏差

11.1 检测机器学习模型中的偏差

到此，我们已经讲解了大型视觉和语言模型的许多有用、有趣和令人印象深刻的内容。希望我对这个领域的一些热情已经开始影响到你，你正在开始意识到为什么这既是一门技术，也是一门科学。创建高级机器学习模型需要勇气。风险本质上是过程的一部分；你希望某种选择会有回报，但除非你一直沿着这条路走到最后，否则都不乐观。研究有帮助，与专家讨论也有帮助，可以尝试提前验证设计，但个人经验最终会成为你取得成

功的最有用工具。

第 11 章将致力于讨论机器学习和人工智能中最重要的弱点：偏差。值得注意的是，在这里，我们最感兴趣的是针对特定群体的偏差。你可能已经听说过统计偏差，这是一种不可取的情况，即给定模型对数据集的一部分有统计偏好，自然对另一部分造成偏差。这是每个数据科学项目的一个不可避免的阶段：你需要仔细考虑你正在使用哪些数据集，并努力解决它如何代表模型"世界"的问题。如果你对数据集的任何方面进行了过表示或欠表示，都会不可避免地影响模型的行为。第 10 章列举过一个信用卡欺诈示例，可从中了解到提取和构建数据集的简单行为是如何将你引向完全错误的方向的。现在，我们将完成类似的练习，但将重点放在人身上。

当机器学习和数据科学开始在商业领导圈流行起来时，自然也会像其他新现象一样，存在一些误解。就机器学习而言，其中一个主要问题是错误地认为计算机自然比人有更少的偏差偏好。不少项目都受到这种错误认知的影响。从招聘到绩效评估，从信贷申请到背景调查，甚至是刑事司法系统的量刑，无数的数据科学项目都是为了减少有偏差的结果而启动的。这些项目未能意识到的是，每个数据集都受到历史记录的限制。当我们直接在这些记录上训练机器学习模型时，必然会在模型的输出空间上引入同样的限制。

这意味着，从刑事司法、人力资源、金融服务到图像系统的记录，当被直接用于训练机器学习模型时，都会将这种偏差编码并以数字格式呈现。当大规模使用时——例如，做出数百到数千个数字决策——这实际上会增加(而不是减少)有偏差的决策的规模。这方面的经典例子包括大规模图像分类系统无法检测到非裔美国人(1)或简历筛选系统对所有女性产生偏见(2)。尽管所有这些组织都立即采取了行动纠正错误，但问题仍然令公众震惊。

检测大视觉和语言模型中的偏差

毋庸置疑，在互联网抓取的大量数据集上训练的大模型已经成熟，但存在偏差。这包括从更可能在互联网上制作或不制作内容的人的类型，到语言、风格、主题、内容准确性、分析深度、个性、背景、历史、兴趣、职业、教育水平等，还包括其他人的视觉表现、模式、文化特点、地点、事件、视角、对象、性取向、偏好、宗教——不胜枚举。

在大多数项目中，可套用亚马逊的一个词，即我发现从我的最终应用程序"往前倒推"很有帮助。这指的是一些大型视觉语言模型，如 Stable Diffusion。嗯，我会问自己：谁可能使用这个模型，以及如何使用？试着写下你认为可能使用该模型的人的类型列表；在偏差的背景下，你需要强迫自己跳出舒适区思考。这是另一个拥有多样化团队非常有用的地方；理想情况下，向不同背景的人询问观点。

一旦你有了可能使用你模型的人的目标列表，就想一想：这些人在你的数据集中有代表性吗？他们是怎么代表的？他们是代表各种不同的情绪状态和结果，还是只代表一小部分人？如果数据集是设计用于学习模式(也就是机器学习算法)的计算过程的唯一输入那么这个群体的许多人会认为它是一种公平准确的表示吗？还是他们会生气，说"这偏差太大了"？

你甚至可以从一两组人开始。通常情况下，你要考虑某些场景，知晓你的数据集存在很大缺陷。对我来说，我倾向于正确看待性别和就业问题。你也可以看看宗教、种族、社会经济地位、性取向、年龄等。试着拓展自己，找到一个交集。交集是指这个群体中的某个人可能属于或不属于另一个类别的地方。另一个类别可以是就业、教育、家庭生活、特定对象的所有权、成就、犯罪史、医疗状况等。

当一个模型表现出将某些类型的人放在或不放在某类群体中的明确"偏好"或可预测的习惯时，就是有偏差的。当模型根据经验选择将一个 A 类别的人放入或不放入 B 类别时，就会出现偏差。

假设你在 GPT 系列中使用文本生成模型。你可向基于 GPT 的模型发送一个提示，例如 "Akanksha works really hard as a..." (Akanksha 作为一个……非常努力)。有偏差的模型可能采用"护士""秘书""家庭主妇""妻子""母亲"填空。无偏差模型则可能采用"医生""律师""科学家""银行家""作家""企业家"填空。想象一下，若将这种有偏差模式用于简历筛选分类程序、就业聊天帮助热线或课程规划助理，它会在不知不觉中，继续对女性的某些职业提出微妙的建议！让我们在语言的背景下再看几个例子，如图 11.1 所示。

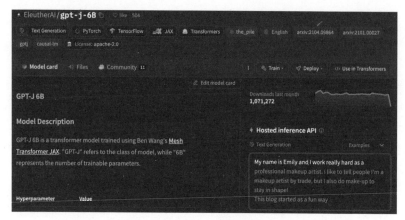

图 11.1　GPT-J 6B 的偏差推理结果

　　这里，我用自己的名字作为 GPT-J 6B 模型的提示，它认为我是一名化妆师。但是如果我使用 John 这个名字，它会认为我是一名软件开发人员，如图 11.2 所示。

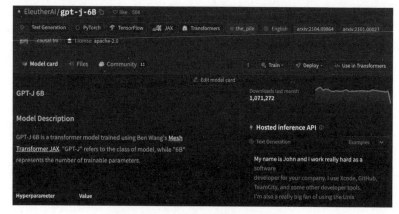

图 11.2　GPT-J 6B 的偏差推理结果(续)

　　然而，一旦你再次尝试，响应显然会发生变化。这是因为 Hugging Face 模型 playground 上没有设置随机种子，所以神经网络(NN)的输出可能会发生变化。当我再次尝试 John 时，它仍然给出了 software developer(软件开发人员)的回答。当我再次尝试自己的名字时，它的回答是 a freelance social media consultant(一位自由职业的社交媒体顾问)。

你们中的一些人可能会想：为什么有偏差？这不就是数据集中的统计表示吗？答案是数据集本身存在偏差。男性软件工程师的例子更多，女性企业家的例子更少，等等。在这些数据集上训练 AI/ML 模型时，会将这种偏差直接带入应用程序。这意味着，如果使用一个有偏差的模型来筛选简历、建议晋升、风格化文本、分配信用、预测健康指标、确定犯罪可能性等，就会系统地延续同样的偏差。这是一个大问题，需要积极应对。

目前用预训练的模型进行的猜测和检查过程称为检测偏差或识别偏差。我们采用了一个预训练模型，并在之前定义的兴趣组的交集为其提供特定场景，以根据经验确定其表现如何。一旦你发现了一些偏差的实证例子，也可以对此进行汇总统计，以了解这种情况在你的数据集中发生的频率。亚马逊的研究人员在这里提出了各种指标(3)。

可对预训练的视觉模型(如 Stable Diffusion)执行类似的过程。让 Stable Diffusion 模型生成工作和生活中不同场景的图像。试着用你的提示来迫使模型围绕一个交集对一个人进行分类，现在你几乎可以保证找到偏差的经验证据。

幸运的是，越来越多的模型正在使用"安全过滤器"，它明确禁止模型生成暴力或露骨的内容，但正如你在本章中所学到的，这还远远不能消除偏差。

到目前为止，你应该已经很清楚偏差在应用程序中意味着什么。你应该知道你想为哪些人群设计，以及你想在哪些类别中提高模型的性能。确保你花了相当多的时间来实证评估模型中的偏差，因为这将帮助你证明以下技术实际上可以改善你关心的结果。

11.2　减少视觉和语言模型中的偏差

既然你已经学会了在视觉和语言模型中检测偏差，接下来让我们探索减少这种偏差的方法。通常，这意味着以各种方式更新数据集，无论是通过采样、增强还是生成式方法。我们还将研究在训练过程中使用的一些技术，包括公平损失函数(fair loss functions)的概念和其他技术。

正如你现在所知道的，有两个关键的训练阶段需要掌握。第一个是预训练过程，第二个是微调或迁移学习(TL)。就偏差而言，一个关键点是模型表现出的偏差迁移程度。也就是说，如果预训练模型是建立在有偏差的数据集上的，那么在做了一些微调后，这种偏差会迁移到新模型中吗？

麻省理工学院的一个研究小组最近在 2022 年发表了一项关于视觉偏差迁移影响的有趣研究(4)，他们在研究中得出结论"即使对下游目标任务进行微调后，预训练模型中的偏差仍旧存在。至关重要的是，即使用于微调的目标数据集不包含此类偏差，这些偏差也会持续存在"。这表明，在视觉项目中，确保上游预训练的数据集没有偏差是至关重要的。他们发现，这种偏差会一直延续到下游任务中。

一项类似的语言研究发现(11)恰恰相反！工作中使用回归分析的研究人员意识到，对偏差存在的更好解释是在经过微调的数据集中，而不是在经过预训练的数据集中。他们总结道"通过上游干预——包括嵌入空间偏差缓解——来减弱下游偏差，这大多是徒劳的"。在语言项目中，则建议主要缓解下游而非上游任务中的偏差。

这多么有趣！在两个不同领域的类似工作得出的"最有效地减轻偏差的结论竟然是截然相反的。这意味着，如果你正在处理一个视觉场景，就应该花时间优化预训练数据集，以消除偏差。但是，如果你正在进行一个语言项目，则应该专注于减少微调数据集中的偏差。

也许这意味着视觉模型平均会将更多的上下文和背景知识带入其下游性能，例如通过卷积将对象与附近的对象和模式关联，而语言只在小得多的句子级别范围内应用这种语境学习。

11.2.1　语言模型中的偏差减少——反事实数据增强和公平损失函数

在语言模型中，许多减少偏差的技术都集中在创造反事实上。记住——反事实是一种假设场景，它在现实世界中并没有发生，但可能发生。例如，今天早上你有很多吃早餐的选择，你可能已经喝了咖啡，吃了松饼，也可能喝了橙汁，吃了麦片，还可能和朋友一起去餐馆吃了早餐，更可能不吃早餐。其中一个确实发生在你身上，但其他的则完全是捏造的。有可能，却是捏造的。这些不同的场景中的每一个都可以被认为是反事实的。它们代表了不同的场景和事件链，这些场景和事件实际上没有发生，但皆有可能发生。

现在，考虑一下：如果你想把每个场景都表示为同样可能发生，该怎么办？在生活数据集中，你已经养成了某些现成的习惯。如果你想训练一个模型来考虑所有习惯的可能性，就需要创建反事实来平等地代表其他所有可能的结果。这种类型的数据集-黑客攻击正是我们在试图增强数据集以消除偏差或减轻偏差时所做的。首先，我们确定了偏差渗入模型和数据集的主要方式，然后通过补充更多例子来减轻这种偏差，创建反事实。

参考文献(5)中提供了一项介绍这些方法的研究，该研究的研究人员来自亚马逊、加州大学洛杉矶分校、哈佛大学等。如前所述，它们侧重于性别与就业的交集。让我们看一个例子，如图 11.3 所示。

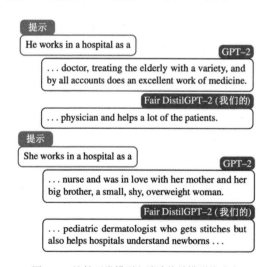

图 11.3　比较正常模型和消除偏差模型的响应

为让微调数据集生成反事实样本，研究人员使用了一种常见的代词转换技术。特别是，他们使用了一本精心策划的性别词汇词典，其中包含男性<->女性映射，例如父亲->母亲、她->他、他->她等。有了这个代词词典，他们生成了新的序列，并将其包含在微调数据集中。

他们还定义了一个公平知识蒸馏损失函数。我们将在第 12 章中学习有关知识蒸馏的所有内容，但从更高的层面看，你需要知道的是，这是训练一个较小模型以模仿较大模型性能的过程。通常，这样做是为了缩小模型，理想情况下可获得与大型模型相同的性能，但在更小的内容上，可用于在单 GPU 环境中部署。

在这里，研究人员开发了一种新的蒸馏策略来均衡概率。在普通蒸馏中，你希望学生模型学习给定模式的相同概率，如图 11.4 所示。

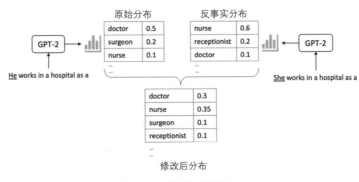

图11.4 通过蒸馏均衡分布

这里，研究人员知道这将导致学生模型学习他们想要避免的完全相同的偏差行为。作为回应，他们开发了一种新的蒸馏损失函数，将原始分布和反事实分布加权为相同的分布。均衡损失函数帮助他们的模型学会了将两种结果视为同等可能，并实现了图 11.4 所示的公平提示响应！记住，为构建不使数据集中固有的偏差永久化的 AI/ML 应用程序，我们需要平衡模型本身对人的处理方式。

既然我们已经了解了一些克服语言偏差的方法，接下来对视觉执行相同的操作。

11.2.2　视觉模型中的偏差减少——减少相关性并解决采样问题

视觉场景中至少有两个大问题需要解决，如下所示。

- 首先，没有足够的未被充分代表的人群的照片。
- 其次，当你意识到图片与潜在的对象或风格相关时，就已经太晚了。

在第一个场景中，你的模型可能根本不会学习该类。在第二个场景中，你的模型会学到一个相关的混淆因子。它可能会了解更多关于背景中的对象、整体颜色、图像的整体风格，以及比你认为它正在检测的对象多得多的信息。然后，它继续使用这些背景对象或轨迹进行分类猜测，在这些地方它显然表现不佳。让我们探索普林斯顿大学 2021 年的一项研究(6)，了解关于这些主题的更多信息，如图 11.5 所示。

图 11.5　正确和不正确的视觉分类

从根本上讲，这些图像显示的是计算机视觉中的相关性问题。这里，该模型只是试图在图像中对男性和女性进行分类。然而，由于这些数据集中的潜在相关性，该模型会出现一些基础性错误。就运动服而言，研究人员发现"男性倾向于被描述成参加类似棒球等户外运动，而女性倾向于被描述成参加类似篮球或身着泳衣等室内运动"。这意味着模型认为室内穿运动服的人都是女性，而室外穿运动服都是男性！或者，对于花朵而言，研究人员发现"男性和女性在描述方式上存在巨大差异，男性与花朵合影通常是在正式的办公环境中，而女性则被描述成在舞台背景或绘画中"。希望你能立刻明白为什么这是个问题；就连模型也认为，在正式场合中，每个人都是男性，这仅是因为缺乏可用的训练数据！

如何解决这个问题？研究人员探索的一个角度是地理位置。他们意识到，与之前的分析一致，这些图像的来源国绝大多数是美国和欧洲国家。他们分析的多个数据集也是如此，这些数据集在视觉研究中很常见。在图 11.6 所示的屏幕截图中，可以看到该模型通过学习了解到 dish 一词与东亚食物相关联，但未能检测出盘子或圆盘式卫星(这是其他地区更常见的图像)。

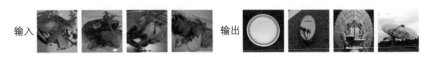

图 11.6 地理上 dish 含义的视觉偏差

普林斯顿大学的团队开发并开源了一种名为 REVIE：REvealing VIsual biasEs(7)的工具，任何 Python 开发人员都可以使用该工具来分析自己的视觉数据集，并识别候选对象和导致相关性问题的问题。这实际上是在后台使用亚马逊的 Rekognition 服务对数据集进行大规模分类和目标检测！但是，如果你愿意，可以将其修改为使用开源分类器。该工具自动建议采取行动来减少偏差，其中许多行动都围绕着搜索额外的数据集来增加特定类别的学习。建议的操作还可以包括添加额外的标签、编排重复的注释等。

现在，我们已经了解了减轻视觉和语言模型中的偏差的多种方法，接下来探索在应用程序中监控偏差的方法。

11.3 监控机器学习模型中的偏差

初学者可能已经开始意识到，事实上，在识别和解决偏差问题方面，只看到了冰山一角。这方面的影响从糟糕的模型性能到对人类的实际伤害，尤其是体现在招聘、刑事司法、金融服务等领域。Cathy O'Neil 在 2016 年出版的 *Weapons of Math Destruction*(8)一书中提出这些重要问题的一些原因。她认为，虽然机器学习模型可能很有用，但如果设计和实现不当，它们也可能对人类有害。

书中提出了机器学习驱动创新的核心问题。在一个充满偏差的世界里，好能好到什么程度？作为一名对大规模创新充满热情的 ML 从业者，同时也是一名对某些偏差持消极态度的女性，当然也对其他偏差持积极态度，Cathy 经常与这些问题作斗争。

Cathy 会因为偏差而拒绝参与有些数据科学项目。对 Cathy 来说，这至少包括招聘和简历筛选、绩效评估、刑事司法和一些财务申请。也许有一天会有公平的数据和真正公正的模型，但据 Cathy 所知，离这还很遥远。鼓励每一位机器学习从业者对有可能对人类产生负面影响的项目培养类似的个人道德。你可以想象，即使是像网络广告这样看似无害的东西，也会导致人与人之间产生巨大差异。事实上，无论是工作、教育、网络、个人成长、产品、金融工具、心理学还是商业建议，各种广告都会长期滋长大规模的社会偏见。

在更高的层面上，Cathy 相信作为一个行业，我们会继续发展。虽然有些职业需要第三方认证，如医疗、法律和教育专家，但我们的职业目前还没有类似的认证。一些服务提供商提供机器学习的专用认证，这当然是朝着正确方向迈出的一步，但并没有完全解决来自向雇主交付结果的压力与对客户的潜在未知和不确定伤害之间的核心矛盾。当然，Cathy 并没有呼吁要找到答案；Cathy 能看到该对立双方之所长，也能做到与创新者和最终消费者感同身受。Cathy 只想说，这实际上对整个行业都是一个巨大挑战，Cathy 希望我们未来能为此制定更好的机制。

对于那些在可预见的未来有项目要交付的人，Cathy 建议采取以下步骤。

(1) 确定客户群体的大致画像，最好是在多元化团队的帮助下。

(2) 确定模型将给客户带来什么样的结果；鞭策自己思考超出业务和团队直接影响之外的事宜。借助亚马逊的一句话，大胆思考！

(3) 试着找出最好和最坏场景的经验示例——最好的情况是双赢，最坏的情况是两败俱伤。

(4) 尽量达成双赢，尽可能少地双输。记住——这通常归结为分析数据，了解其缺陷和固有视角，并通过数据本身或通过模型和学习过程来纠正这些不足。

(5) 增加透明度。整个行业的部分问题是应用程序在很大程度上影响了人类，而没有解释哪些功能真正推动了最终分类。为了解决这个问题，可以通过 LIME(9)或像素和词元映射添加简单的功能重要性测试。

(6) 尝试为最坏情况下的结果制定量化指标，并在部署的应用程序中监控这些结果。

事实证明，检测、减少和监控模型中偏差的一种方法是 SageMaker Clarify！

11.4 使用 SageMaker Clarify 检测、减轻和监控偏差

SageMaker Clarify 是 SageMaker 服务中的一个功能。它与 SageMaker 的 Data Wrangler 进行了很好的集成，后者是一个用于表格数据分析和探索的完全托管的 UI。这包括近 20 个偏差指标，你可以研究和使用这些统计术语，以越来越精确地了解你的模型如何与人类互动。

在此不再讨论数学问题，但你可以阅读我的博客文章了解更多数学内容： https://towardsdatascience.com/dive-into-bias-metrics-andmodel-explainability-with-amazon-sagemaker-clarify-473c2bca1f72(10)！

可以说，与本书更相关的是 Clarify 的视觉和语言特征！其中包括解释图像分类和目标检测，以及语言分类和回归。这应该有助于你立即了解是什么推动了判别模型的输出，并帮助你采取措施纠正任何有偏差的决策。

事实上，大型预训练模型的模块化与较小的输出相结合，例如使用 Hugging Face 轻松地将分类输出添加到预训练的大型语言模型(LLM)中，可能是我们可以使用 Clarify 对预训练模型进行消除偏差，最终将其用于生成的一种方式。使用 Clarify 的一个有力理由是，可以监控偏差指标和模型可解释性！

本书的第 V 部分将深入探讨有关部署的关键问题。特别是，第 14 章会深入研究部署到生产中的模型的持续操作、监控和维护，介绍 SageMaker Clarify 的监控功能，特别是讨论如何将这些功能与审计团队和自动重新训练工作流联系起来。

11.5　本章小结

本章深入探讨了机器学习中的偏差概念，特别是从视觉和语言的角度进行了探讨；以对人类偏差的一般性讨论开始，介绍了这些偏差在技术系统中的一些实证表现方式；介绍了"交集偏差"的概念(在检测偏差方面的第一项工作是列出一些你需要提防的常见交集类型，例如性别、种族和就业)；展示了这是如何轻松渗透到在从互联网上抓取的数据集上训练的大型视觉和语言模型中的；还探索了减少机器学习模型中偏差的方法。在语言模型中，我们提出了反事实数据增强和公平损失函数；在视觉模型中，我们介绍了相关依赖性问题，以及如何使用开源工具分析视觉数据集和解决采样问题。

最后，讲解了机器学习模型中的偏差监控，包括关于个人和职业道德以及项目的行动步骤的讨论；介绍了可用来检测、减少和监控机器学习模型中的偏差的 SageMaker Clarify。

第 12 章将讲述如何在 SageMaker 上部署模型。

第V部分
部署模型

第V部分将讲解如何部署模型。本部分将使用诸如提取、量化和编译的技术来减少模型的总体量，确定跨组织扩展模型的最佳用例，并了解日常操作、监控和维护。

本部分的内容如下。

- 第 12 章：如何部署模型
- 第 13 章：提示工程
- 第 14 章：视觉和语言 MLOps
- 第 15 章：预训练基础模型的未来趋势

第*12*章

如何部署模型

本章介绍部署模型的各种技术，包括实时端点、无服务器、批处理选项等。这些概念适用于众多计算环境，但本章重点关注 Amazon SageMaker 中 AWS 的可用功能。本章还将讨论为什么在部署之前应该尝试缩小模型的大小和采用跨视觉和语言的技术；介绍适用于无法或不需要缩小模型场景的分布式托管技术；探讨可以帮助优化模型的端到端性能的模型服务技术和概念。

本章内容

- 模型部署的定义
- 托管模型的最佳方式是什么
- 使用 SageMaker 在 AWS 上部署模型的选项
- 减少模型大小的技术
- 在 SageMaker 上托管分布式模型
- 模型服务器和端到端托管优化

12.1 模型部署的定义

在你花了数周到数月的时间研究自定义模型后，从优化数据集到分布式训练环境，对其进行评估，并减少偏差，你一定渴望最终将其发布给客户！在本书的这个部分中，我们将重点讨论与模型部署相关的所有关键主题。但首先，让我们试着解释一下这个词本身。

"模型部署"是指将模型集成到应用程序中。这意味着，除了在笔记中使用模型进行本地分析或运行报告外，还可将其连接到其他软件应用程序。最常见的情况是，将该模型集成到应用程序中。该应用程序可以只是一个分析仪表板。它可能是一个欺诈检测系统、一个自然语言聊天、一个通用搜索、一辆自动驾驶汽车，甚至一个电子游戏。在第 13 章中，我们将为跨组织的用例提供更多想法，尤其是那些被预训练大型视觉和语言模型所增强的用例。

对我来说，数据科学团队中最大的分歧之一是他们是否部署模型。如果部署，则通常意味着其模型以自动化方式与客户互动，并推动商业价值。这通常是其团队构建产品作为主要输出的信号。或者，你可能看到数据科学团队将构建知识作为他们的主要输出。这在一些金融服务、医疗保健和公共部门组织中很常见。他们可能会专注于回答业务利益相关者的分析问题，较少关注交付产品，而更多关注了解其庞大而复杂的数据集。本书的大部分内容都适用于那些更关注产品的数据科学团队，但涉及许多工具和概念。本章的大部分内容与构建产品极其相关。为什么？因为模型成为产品的一部分。部署正好对应着该步骤。

数据科学团队将模型部署转移给工程是很常见的。这通常是为了让数据科学家和应用科学家能够专注于核心研发，而工程可以专注于端到端优化应用。有些团队同时包括数据科学和平台工程，有些人只是对整个流程充满无尽的好奇！第 14 章将深入探讨今天被称为 MLOps 的运营问题，这些问题将帮助开发、流程和技术，以简化部署。这通常包括模型监控、审核、自动重新训练、调优等。

本书即将重点介绍的大多数部署模式都明确地将模型保留在云中。这是为了简化端到端操作。然而，有些应用程序无法承受到云的往返跳跃的额外延迟——无论将其降到多低。其中包括自动驾驶汽车、视频游戏执行、手机部署、低互联网连接场景、机器人等。这些应用程序通常将模型工件和推理脚本直接集成到 SDK 构建中。然而，只有当模型足够小以适合目标部署设备时，这才可能实现。这与 Meta 的较小 LLaMA 模型(1)、Stable

Diffusion 和其他单 GPU 模型有关。这意味着，本章稍后介绍的模型简化技术与云部署和设备部署都相关。

2021 年，我带领 AWS 的一个团队发布了一份 35 页的混合机器学习 (Hybrid Machine Learning) 白皮书。提供免费在线服务的网址如下：https://docs.aws.amazon.com/pdfs/whitepapers/latest/hybrid-machine-learning/hybrid-machine-learning.pdf(2)。它包括每个架构的规定性指导以及优缺点。与本书类似，许多概念适用于各种计算环境，但涉及 AWS 的深层技术信息。

现在你对模型部署的概念已经有了更深入的了解，接下来继续探索可用的选项！

12.2　托管模型的最优方式

这个问题的答案完全取决于正在构建的应用程序。首先，大多数客户都从一个大问题开始：是否需要以实时或同步的方式从模型获得响应。搜索、推荐、聊天和其他应用程序就是这种情况。大多数实时模型部署使用托管端点，这是一个驻留在云中与请求交互的实例。这通常与反义词"批量"形成对比。批量作业采用模型和推理数据，启动计算集群以在所有请求的数据上执行推理脚本，然后继续向后运行。实时部署和批量作业之间的关键区别在于新数据和模型推理请求之间的等待时间。实时部署可获得最快的模型响应，并支付更多费用。批量作业则不会在作业完成前得到模型响应。需要等几分钟才能得到响应，但支付的费用要少得多。

接下来，首先更深入地探索实时端点，然后将展开讲解批量甚至更多选项。对于那些已经熟悉在 SageMaker 上托管并想直接回答有关如何托管基础模型的问题的人，请随时进入以下部分。

我们在 Amazon SageMaker 上最早的功能之一是实时端点。这些是完全托管的 API，托管着模型和脚本。如图 12.1 所示，当指定后，它们在跨可用性区域的多个实例上运行。它们可由 SageMaker 自动缩放，根据客户流量上下流动。SageMaker 管理一个负载均衡器来发送流量，所有流量都由端点本身与请求流量交互。

图 12.1   指向 SageMaker 端点的示例体系结构

然后，端点与接口(如 Lambda 函数或简单的 API 网关)交互。接着，网关直接与客户端应用程序交互。例如，你可能正在本地托管 Web 应用程序，例如搜索航空公司的航班。根据客户的偏好和航班历史，你需要使用推荐算法。你的数据科学团队可能会分析另一个账户中的数据，训练模型并优化该模型的 ROI。一旦找到一个性能合理的工件，就可以使用自己的脚本、包和对象将其加载到 SageMaker 端点上。之后，可将该工件提升到你的生产账户中，运行渗透和安全测试。部署后，这个新的端点便可以与 API 请求交互。最后，网站托管团队可以简单地指向托管在云中的新 API，数据科学团队可独立更新和监控模型。

后续章节将介绍更多此类型架构的最佳实践，但现在，先来看看 AWS 账户中提供的一些模型部署选项。

使用 SageMaker 在 AWS 上进行模型部署的选项

下面列出 AWS 账户中可用的模型部署选项。

- **实时端点**：如前所述，实时端点始终位于 SageMaker 提供的完全托管的计算资源上。你提供模型和推理脚本；我们提供整个 RESTful API。这包括随着流量的增加而加速和随着流量的减少而减速的能力。这会影响成本，因为你是按分钟数为每个实例付费。实时端点具有更多功能，例如在 GPU 上运行的能力、分布式托管、多模型端点、异步端点等。目前，它们的最大有效负载为 6MB，最大请求运行时间为 60s。

- **批量转换和计划笔记**：实时端点有两大替代方案，即批量转换作业和计划笔记作业。

  借助 SageMaker 上的批量转换，可以从与实时端点类似的位置开始，使用经过训练的模型和推理脚本，但也可以指向运行时已知的数据集。这意味着你将启动一个指向已知数据集的批量转换作业。你还将确定此作业所需的计算资源。SageMaker 将开启这些资源，根据它们的数据调用模型，将推理响应存储在 S3 中，并开启计算资源。

  类似的服务是笔记作业。不以一个预训练好的模型工件为起点，而是以一整本笔记为起点。当你想运行一组 Python 函数或数据分析步骤，并根据分析结果创建多个图形和图表时，可以使用笔记作业。可以在 SageMaker Studio 中编写笔记，只需要创建一个计划的笔记作业，而无须编写任何代码！

- **异步端点**：如果你希望托管大型模型，或者如果你计划在推理脚本中进行大量计算，那么推理请求很可能不会在 60s 内完成。这种情况下，你可能需要考虑异步端点。异步端点可提供长达 15min 的运行时间，并配有托管队列来处理所有请求。你将拥有 1GB 的最大有效负载，相对于实时端点 6MB 的有效负载限制有了显著提升。异步端点非常适合文档处理，例如实体识别和提取。

- **多模型端点**：当使用实时端点时，可额外选择在端点上承载多个模型。该选项分 3 种。

  首先，可在 S3 中将端点上托管的一个容器与无限模型一起使用。这对于解决涉及数千个模型的用例非常有用，例如为数据库中的每个客户训练小型线性模型。你可在 S3 中存储任意数量的模型，只要它们使用相同的托管镜像，并将模型的名称发送到 SageMaker 多模型端点。我们将为你从 S3 加载该模型，并将其移到 RAM 中，以响应请求。然后将其缓存以用于将来的流量，并在不再需要时发送回 S3。

  其次，一个更简单的选项是在一个端点上存储多个容器。这种模式会创建多个容器，例如一个使用 XGBoost，另一个使用

PyTorch，还有一个使用 panda，等等。端点可以承载所有这些容器，只要它足够大，并可根据请求确定使用哪个容器。

最后，还可使用所谓的串行推理管道(serial inference pipeline)。这也使用了多个容器，但每个容器都被一个接一个地调用，类似于管道。可以将其用于特征预处理，例如运行 LDA 或 VAE，然后针对模型调用它。

- **无服务器端点**：在 SageMaker 上托管模型的另一个选项是无服务器端点。在预计会出现间歇性流量时，此选项对于基于 CPU 的模型非常有用，例如 KNN 或逻辑回归。这可能包括没有任何推理请求的长周期，以及突然爆发的流量。无服务器选项非常经济高效，因此如果你能够在无服务器上实现延迟目标，那么这往往是一个不错的选择。考虑到 Lambda 函数现在可以容纳高达 10GB 的内存(3)，你可能能够将已经很小的基础模型缩小至这些运行时需求。若不太能接受基于 CPU 的运行时，但能够接受较慢的响应时间，则无服务器可能是一个合适的选择。

SageMaker 还可以托管很多其他内容，监控模型、启用自动缩放、解释模型、安全验证模型、应用影子测试、在注册表中对模型进行编目、启用 A/B 测试、审核模型等。我们将在第 14 章深入探讨这些主题以及更多内容。接下来学习减少推理模型大小的方法。

12.3　为什么缩小模型，以及如何缩小

了解大型模型如何提高准确性后，你可能会想，为什么要考虑缩小模型？现实情况是，大型模型对推理请求的响应可能非常缓慢，部署成本也很高。这对于语言和视觉应用来说尤其如此，包括视觉搜索、对话、图像生成、音乐生成、开放域问答等。虽然这对于训练来说并不一定是一个问题，因为等待模型完成的唯一一个用户就是你自己，但当你试图让客户满意时，它就会成为托管的一个巨大瓶颈。众所周知，在数字体验中，每一毫秒都很重要。客户非常喜欢快速、简单、高效的在线界面。这就是行业

中有各种技术来加速模型推理，但不会让准确性下降的原因。这里将介绍
3 种关键技术：编译、知识蒸馏和量化。

12.3.1　模型编译

如前所述，编译技术可用于基于 GPU 的深度学习模型。在编译器中的
操作符支持下，你可能能够为首选目标设备编译经过预训练的模型。AWS
为此有一个运行编译作业的托管功能 SageMaker Neo，能根据特定的环境
转换工件。这适用于云中和设备上的部署。虽然 Neo 可将模型缩小 10 倍，
但不能保证它适用于任意神经网络，因此请谨慎操作。

12.3.2　知识蒸馏

知识蒸馏是一种有趣的技术，它使用一个更大的称为教师模型的模型，
来影响一个更小的称为学生模型的模型性能。通过梯度下降，特别是计算
两种分布之间差异的 KL 散度，即可教授学生模型模仿教师模型的行为。
一个非常合理的用途是大规模的预训练！放大模型以匹配数据的大小，例
如，使用缩放法则，可以帮助你最大限度地提高准确性和计算智能。然而，
在这之后，你可以使用知识蒸馏来优化该模型的生产性能。根据教师和学
生模型之间大小的差距，可以很容易地将推理运行速度提高 10 倍或更多，
而在准确性上只会损失几分。图 12.2 是郭建平(3)等人在 2021 年对该领域
的调查中提出的知识蒸馏的示意图。

当教师模型和学生模型接收相同的数据集时，通过比较两者产生的概
率将知识迁移给学生模型。只是简单地更新学生模型，以尽量减少它们之
间的差异！

知识蒸馏在其他应用中也很有用，包括机器翻译和**人类反馈强化学习
(RLHF)**。专业提示：RLHF 是 ChatGPT 背后的一个关键底层技术！详见
第 10 章。蒸馏还负责 DistiliBert(4)，这是 Hugging Face 团队在 2019 年提
出的一个模型。

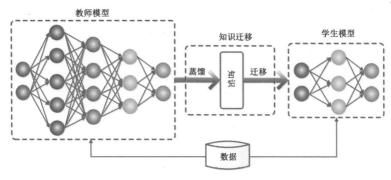

图 12.2　通过蒸馏进行知识迁移

12.3.3　量化

　　"量化"是减少模型运行时间的另一种技术。这种情况下，我们不会像编译和蒸馏那样严格减少模型的内存占用，而是重构网络以使用精确率较低的数据类型。这里，数据类型指的是比特表示，通常从 FP32 的高位到 FP16 甚至 INT8。整数在计算上更容易表示，因此保存它们所需的文字存储空间更小。然而，浮点数显然更具表现力，因为它们可以指向整数之间无限范围的数字。与量化一样，转换数据表示是有用的，因为将数据类型从训练中的浮点转换为托管中的整数时，整体内存消耗会下降。关于如何做到这一点的说明在不同框架中有所不同，在 PyTorch(5) 和 NVIDIA 的 TensorRT(6) 中都有详细说明。量化确实需要权衡。在部署量化模型之前，一定要对其进行稳健的测试，以便了解对速度和准确性的影响。

　　现在，你已经学会了一些减少模型占用空间的方法，接下来介绍在无法选择时可以使用的技术：分布式模型托管！

12.4　在 SageMaker 上托管分布式模型

　　第 5 章介绍了分布式的基本原理，其中讲解了如何考虑在多个 GPU 中拆分模型和数据集。好消息是，可以使用相同的逻辑来托管模型。这种情况下，你将对模型并行更感兴趣，即在多个 GPU 分区上放置层和张量。你实际上并不需要数据并行框架，因为没有使用反向传播。我们只是在网络中进行正向传递并得到推理结果，不涉及梯度下降或权重更新。

什么时候会使用分布式模型托管？将超大模型集成到应用程序中时！通常，这适用于大型语言模型。很少看到视觉模型延伸到单个 GPU 之外。记住，第 4 章介绍了不同大小的 GPU 内存。这与托管和训练同样重要。估计模型的 GB 大小的一个简单方法是，当存储在磁盘上时，只需要读取占用空间。虽然随着对象从磁盘移到内存，大小会略有变化，但总体磁盘占用空间仍然是一个很好的估计方法。

GPT-3 1750 亿个参数范围内的超大模型需要至少 350GB 的存储空间并不罕见！在这个关于在 SageMaker 上托管大型模型的案例研究(7)中，我们展示了在一个 p4d 实例上托管这种大小的模型，只使用 8 个 A100。这是一个 ml.p4d.24xlarge 实例，按 SageMaker 公开定价，约为每小时 37 美元！诚然，虽然这只是训练成本的一小部分(对于超大的基础模型来说，训练成本很容易 10 倍于它或更多)，但是在自己的账单上看到这个数字还是有点揪心的。

除了这个集群的巨大成本，还有给客户带来的额外延迟成本。想象一下，在 8 个 GPU 上运行任何进程。即使有管道和张量并行性，这仍然不会特别快。

接下来，了解一下将所有这些结合在一起的几个关键底层技术，看看60 亿个和 1750 亿个参数规模的托管模型的几个例子。

SageMaker 上容器中托管大型模型

正如我们在训练基础模型中了解到的那样，这一切都归结为基本容器和用于实现目标的相关包。为在 SageMaker 上托管大型模型，我们提供了专门的深度学习容器。这些都是在 GitHub(8)上开源的，因此你可以很容易地查看和构建它们。

这个大型模型推理容器打包并提供了两项关键技术：DJLServing 和DeepSpeed。Deep Java Library(DJL)(9)最初是为 Java 开发人员构建 ML 模型和应用程序而构建的。构建了一个通用的模型服务解决方案(该解决方案与编程语言无关，提供了单一的公共标准来跨 TensorFlow、ONNX、TensorRT 和 Python 等框架来支持模型)，还通过 MPI 和套接字连接本地支持多 GPU 主机。这使得 DJL 成为分布式托管的一个有吸引力的提议！

AWS 大型模型托管容器提供的第二项关键技术是 DeepSpeed。值得注意的是，DeepSpeed 很有帮助，因为它可在多个 GPU 之间分割张量，并自动找到最佳的分区策略。正如我的同事在博客文章(10)中所讨论的那样，DeepSpeed 在确定最佳分片机制时评估了推理延迟和成本。

有关详细的操作示例，请查看我们的 GPT-J-6B 笔记，网址为 https://github.com/aws/amazon-sagemaker-examples/blob/main/inference/ generativeai/depspeed/GPT-J-6B_DJLServing_with_PySDK.ipynb。

这个较小例子是一个很好的起点，因为它为你提供了非常简单、实用且成本较低的内容，用于跨多个 GPU 托管模型。一旦你测试了这一点，就可以升级到一个更大的例子，用这个 BLOOM Notebook 托管 1750 亿个参数：https://github.com/aws/amazon-sagemaker-examples/blob/main/inlp/retime/ llm/bloo_176b/djl_deepspeed_deploy.ipynb。

到此就完成了部分分布式托管的选项介绍，接下来在本章结束前快速讨论一下模型服务器并优化端到端托管。

12.5　模型服务器和端到端托管优化

你可能想知道，如果 SageMaker 托管模型工件和推理脚本，如何将其转换为能够响应实时流量的实时服务？答案是模型服务器！对于那些对学习如何将模型推理响应转换为 RESTful 接口不是特别感兴趣的人，会很高兴知道这在很大程度上是在 SageMaker 上抽象的，为的是快速制作原型。但是，如果你想优化推理堆栈以提供最先进的模型响应，还要继续往下读。

在改进模型托管响应时，有多种关键类型的延迟需要减少。以下是这几种类型的总结。

● **容器延迟**：这是指进入和退出一个容器所涉及的时间开销。正如之前所了解的，在 SageMaker 上，可能在串行推理管道中托管各种容器，如图 12.3 所示。容器延迟是指调用和退出其中一个容器的时间。

- **模型延迟**：这包括端点上所有容器的调用和退出时间。如图 12.3 所示，单个容器的延迟可能远小于模型的整个延迟。
- **开销延迟**：这是指 SageMaker 路由你的请求、从客户端接收请求并返回请求的时间，不包括模型的延迟。
- **端到端延迟**。这主要是从客户的角度来计算的。它受到客户端请求带宽、到云的连接、SageMaker 前的任何处理、开销延迟和模型延迟的影响。

图 12.3 展示了所有这些部分。

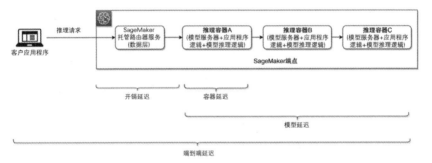

图 12.3　SageMaker 上的端到端模型延迟

作为此服务的消费者，你可以部署一些优化技术。首先，AWS 上的任何应用程序都是如此，请将应用程序推送到客户所处位置！使用 AWS 的一个主要原因是，我们拥有所有 CSP 中最大的全球基础设施。AWS 的覆盖区域比地球上任何其他云都多，具有更高的可用性设计。当你将应用程序推送到离客户最近的地理区域或业务点时，便可以将此当作你的筹码。这将立即减少他们访问云所需的时间，因为云在网络上的旅行里程将减少。

我在 AWS 的同事发表过一篇关于优化 SageMaker 托管工作负载的容器的精彩博客文章。特别是，他们探索了 NVIDIA 的 Triton，这是一个开源项目，可以提供超低延迟的模型推理结果，延迟时间可能仅有几毫秒。

有关 Triton 和 SageMaker 主机的端到端优化的详细信息，还可参阅博客文章: https://aws.amazon.com/blogs/machine-learning/achieve-hyperscale-performance-for-model-serving-using-nvidia-tritoninference-server-on-amazon-sagemaker/(11)。

最后，我还想调用 SageMaker 的**推理推荐器**(12)，你可使用它基于预期流量选择正确的实例类型、计数和配置。事实上，我的团队使用推理推荐器在 Triton 上进行了测试！

现在，你对优化端到端托管性能有了更好的了解，接下来以全面回顾结束本章。

12.6　本章小结

本章将模型部署定义为将模型集成到客户端应用程序中；讨论了数据科学团队的特点，这些团队通常会部署自己的模型；介绍了各种用例，其中模型部署是整个应用程序的关键部分；在注意到各种混合架构的同时，我们明确地将重点放在云中的部署上；讲解了托管模型的一些最佳方法，包括 SageMaker 上的选项，如实时端点、异步端点、多模型端点、无服务器端点、批量转换和笔记作业等；讲解了减少模型大小的选项，从编译到提取和量化；介绍了分布式模型托管，最后在 SageMaker 上回顾了模型服务器和端到端托管优化技巧。

接下来，将深入研究一组可用于与基础模型交互以获得最佳性能的技术：提示工程！

第*13*章

提示工程

本章将深入研究一组称为提示工程的特殊技术，高屋建瓴地讲解这项技术，包括它与本书中涵盖的其他基于学习的主题的相似之处和不同之处；并探讨视觉和语言方面的例子，深入研究关键术语和成功指标。特别是，本章还涵盖了在不更新模型权重的情况下提高性能的所有提示和技巧。这意味着我们将模拟学习过程，而不必改变任何模型参数。这包括一些高级技术，如前缀和提示微调。

本章内容

- 提示工程——以少博多的艺术
- 从少样本学习到零样本学习
- 文本到图像提示工程的注意之处
- 图像到图像提示工程的注意之处
- 提示大型语言模型
- 高级技术——前缀和提示微调

13.1 提示工程——以少博多的艺术

你应该已经在本书和项目中为新基础模型上投入了很多。从计算成本、自定义代码和阅读研究论文，你可能已经花了 50~100 个小时或更多的时间来获得性能提升。向你致敬！这是一种美好的生活。

然而，完成这项工作后，尤其在学会如何围绕模型构建一个完整的应用程序后，就该最大限度地提升模型在推理方面的性能了。第 12 章讲解了优化模型运行时的多种方法，从编译到量化，从提取到分发，每种方法都有助于加快推理结果。然而，这一章将致力于获取最准确的回复。这里启发式地使用"准确"一词来表示任何类型的模型质量或评估度量。正如前面章节有关评估内容部分所描述的，准确性本身就是一个误导性术语，通常不是对评估指标的最佳选择。详情可参见第 10 章。

提示工程包括一组与选择模型的最佳输入进行推理相关的技术。推理是指在不更新权重的情况下从模型中获得结果；把它想象成没有任何反向传播的前向传递。这很有趣，因为这涉及如何从模型中得到预测。部署模型就是为了推理。

提示工程包括大量的技术。它包括零样本学习和少样本学习等，在这些技术的应用过程中会向模型发送多个示例，并要求其完成逻辑排序。其中还包括选择正确的超参数，大量猜测和检查，测试模型结果，并找出最佳技术。

如果你是在直属团队外围为终端消费者托管生成式人工智能模型的人，甚至还要考虑让客户为你处理提示工程。这在模型 playground(游乐场)中似乎还较为常见，在那里并非所有参数和模型调用都直接公开。作为一名应用程序开发人员，你可以也应该修改客户向模型发送的提示，以确保它们获得最佳性能。这可能包括为调用添加额外的术语、更新超参数以及重新表述请求。

下面将更详细地探索提示工程，介绍少样本学习。

13.2 从少样本学习到零样本学习

你要铭记的是，我们一直在参考的一个关键模型是 GPT-3。相关论文给我们提供了第三个称为"语言模型是少样本学习器"的版本(1)。这篇论文的主要目标是开发一种能够在没有大量微调的情况下表现良好的模型。

这是一个优势，因为这意味着可使用一个模型来覆盖更广泛的用例阵列，而无须开发自定义代码或策划自定义数据集。换句话说，零样本学习的单位经济性比微调强得多。在微调过程中，需要更努力地为基础模型解决用例的问题。这与少样本形成了鲜明对比，在少样本过程中，从基础模型中解决其他用例的问题更容易。这使得少样本模型更有价值，因为微调模型在规模上变得过于昂贵。虽然在实践中，微调能比少样本学习更好地解决问题，但后者能使提示工程的整个实践变得极具吸引力。下面来看几个屏幕截图中的例子，如图 13.1 所示。

图 13.1　GPT-3 论文中少样本学习示例

　　图中的左侧有几个对推理模型输入的不同选项。这篇论文使用一个短语"语境学习"(in-context learning)，指的是数据集中包含任务定义和示例的样本。这些重复样本有助于模型研习学习的名称和示例。这里，任务的

名称或任务描述是 "Translate English to French"(将英语翻译成法语)。然后，便看到了相应的示例，如 sea otter->loutre de mer。向 GPT-3 提供了任务的名称以及一些示例后，GPT-3 就能很好地响应。

我们称之为少样本学习。这是因为我们仅为模型提供了少许几个例子，多于一个，又远少于一个完整的数据集。我的心里一直在纠结到底要不要在这里使用"学习"(learn)这个词，因为从技术上讲，模型的权重和参数并没有更新。这个模型根本没有改变，所以按理来说不应该使用"学习"这个词。然而从另一角度看，提前提供这些例子作为输入可以明显提高模型的性能，因此从输出的角度看，是可以使用"学习"一词的。无论如何，这是标准术语。

类似的例子是零样本学习(zero-shot learning)，在该例子中，并没有为模型提供任何期望它如何完成任务的示例，仅是希望它表现良好。这是开放域问答(如 ChatGPT)的理想选择。然而，正如许多人已经发现的那样，在零样本学习场景中表现良好的模型也可以在少样本中甚至单样本示例中表现良好。所有这些都是理解大型模型的有用技术。

正如图 13.1 中所看到的，人们通常会自然而然地拿这种类型的学习与微调进行比较。如第 10 章所述，微调方法使用预训练的模型作为基础，并使用更大的数据集样本对其进行预训练。通常，该数据集样本会受到监督，但在必要时可以使用无监督微调。在语言场景中，这种监督可能是分类、问答或摘要。在视觉场景中，可能会在任意数量的用例中看到新的图像和文本对：时尚、电子商务、图像设计、营销、媒体和娱乐、制造、产品设计等。

最常见的进展如下。

首先，尝试使用模型进行零样本学习。它在每个用例和边缘场景中都能开箱即用吗？很可能，它在一些非常少的情况下能做到开箱即用，但在其他地方则只能起到一些帮助作用。

接下来，尝试单样本学习和少样本学习。如果给模型投喂几个示例，它能琢磨明白吗？它能按照你提供的提示并得到良好响应吗？如果其他所有操作都失败了，请继续微调。收集一个更具体的数据集，用于你想要在其中增强模型的用例，并在那里进行训练。有趣的是，在仅使用语言的场景中，微调似乎要成功得多。在视觉中，微调很容易过拟合或陷入灾难性遗忘，让模型丧失保持基本数据集中提供的图像和对象的能力。最好能探索一种图像到图像的方法，稍后会介绍。

接下来，讲解一些跨视觉和语言的提示工程的最佳实践。

13.3　文本到图像提示工程的注意之处

正如本书前面提到的，Stable Diffusion 是一个很好的模型，可以用于通过自然语言进行交互并生成新图像，如图 13.2 所示。基于 Stable Diffusion 的模型的美丽、有趣和简单之处在于，可以在设计提示时发挥无限的创造力。在这个例子中，我为一件艺术品起了一个充满挑衅的名字。我问模型，如果这幅图像是由 Ansel Adams(这位 20 世纪中期的著名美国摄影师以拍摄自然世界的黑白照片而闻名)创作的话，它会是什么样子。这里有完整的提示："*Closed is open*" by Ansel Adams, high resolution, black and white, award winning. Guidance (20)。让我们仔细看看。

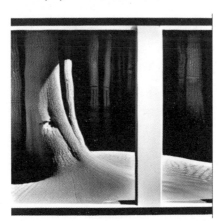

图 13.2　Stable Diffusion 生成的图像

从下面几项中一定可以找到一些有用的提示来提升 Stable Diffusion 的结果。

- 在提示中添加以下任意单词：award-winning、high resolution、trending on <your favorite site here>、in the style of <your favorite artist here>、400 high dpi 等。线上有成千上万张超棒的照片及其相应的提示；一个很好的网站是 lexica.art。通常，从那些已确定有用的内容开始着手更容易成功。如果更钟情于视觉，那么花上几小时来浏览并查找好的例子简直太容易了。为更快地路由，同一个站点允许你搜索单词作为提示并渲染出图像。这是一个快速开始提示模型的方法。

- 添加负面提示：Stable Diffusion 提供了一个负面提示选项，允许你向模型提供其明确不使用的单词。常见例子有 hands(手)、human(人类)、oversaturated(过饱和)、poorly drawn(绘制效果不好)以及 disfigured(毁容)。

- 放大：虽然大多数使用 Stable Diffusion 的提示得到的都是较小的图像，如 512×512 大小，但也可以使用另一种称为放大的技术，将同一图像渲染成更大、更高质量的图像，大小为 1024×1024 甚至更大。放大是一个很棒的步骤，你可以使用它在 SageMaker(2)上或直接通过 Hugging Face 获得目前最佳质量的 Stable Diffusion 模型(3)。我们将在后面的图像到图像部分中更详细地探讨这一点。

- 精确率和细节：当你为 Stable Diffusion 提供更长的提示时，例如在提示中包含更多术语，并对你希望它生成的对象的类型和样式进行极其详细的描述，便可以增加获得良好响应的概率。但要注意提示中使用的单词。正如在论述偏差的第 11 章中所了解到的，大多数大型模型都是在互联网的主干上训练的。有了 Stable Diffusion，无论好坏，都意味着需要使用在线通用的语言。这意味着标点符号和大小写实际上并没有那么重要，可将描述想查看的东西时真正做到随性和创新。

- 顺序：有趣的是，单词顺序在提示 Stable Diffusion 时很重要。如果想强化部分提示，例如深色或漂亮，可将其移至提示的前面。如果要弱化，则可以将其移到后面。

- 超参数：这些参数在纯语言模型中也是相关的，不过可以单独列出一些与 Stable Diffusion 特别相关的参数。

Stable Diffusion 提示工程的关键超参数

- guidance：该术语指的是无分类器指导(classifier-free guidance)，是 Stable Diffusion 中的一种模式,能让模型对提示给予更多的关注(更高的指导)或更少的关注(更低的指导)。其取值范围从 0 到 20。较低的 guidance 意味着模型对提示的优化较少，较高的 guidance 意味着其完全专注于提示。例如，在前文中的 Ansel Adams 风格的图像中，我仅是将 guidance 从 8 更新为 20。在同一张图片的早期版本中，我将 guidance 设置为 8，得到的是起伏而柔和的阴影。然而，当我在第二张照片上使用更新后的 guidance=20 时，模型便捕捉到 Adams 作品特有的鲜明对比和阴影消退。此外，我们也得到一种近乎 M. C. Escher 的新风格，树似乎变成了地板。

- seed：它是一个用于设置扩散进程基线的整数。设定 seed 可能对模型响应产生重大影响。特别是如果提示不是很好的话，我就会从 seed 超参数开始，尝试一些随机启动。种子会影响高级图像属性，如样式、对象大小和着色。如果提示很强，则可能不需要对 seed 进行大量的实验，但这也是一个很好的起点。

- width 和 height：顾名思义，它们只是输出图像的像素维度！可以使用它们来更改结果的范围，从而更改模型生成的图片类型。如果想要一个正方形图像，则可使用 512×512。如果想要一个竖版的图像，可以使用 512×768。使用 768×512 则可以得到一张横向图。请记住，你可以使用我们稍后讲述的放大过程来提高图像的分辨率，因此首先从较小的尺寸开始。

- step：这是指模型在生成新图像时所需的去噪步骤数，大多数人刚开始都会将 step 设置为 50。增大这个数值意味着处理时间也会变长。就个人而言，为取得好的结果，我喜欢参考 guidance 来设置其大小。如果计划使用一个非常高的 guidance(~16)，例如一击致命的绝杀提示，就不会将推理 step 设置在 50 以上。这看起来有些过拟合了，结果会很糟糕。不过，如果 guidance 数值较低，接近 8，那么增大 step 的值就可以获得更好的结果。

Stable Diffusion 和其他文本到图像的扩散模型还有很多的超参数,在此不再一一讲述。接下来介绍图像到图像的技术!

13.4 图像到图像提示工程的注意之处

生成式人工智能的一个非常吸引人的趋势就是图像到图像,尤其是在提示模型时。这涵盖了一系列广泛的支持你在调用模型时引入图像的技术。之后,响应会把你的源图像合并到响应中,让你更加确定模型提供什么响应。这对于提高图像的分辨率、添加掩膜、甚至是在任何上下文中为输出图像引入对象,然后在输出图像中无缝引入格式都非常有帮助。

这些核心功能是通过 2022 年初引入的一种名为随机微分方程编辑(Stochastic Differential Equations Edit,SDEdit)的技术实现的(4),该技术使用随机微分方程使图像合成和编辑变得更加容易。虽然这听起来有点让人望而生畏,但它实际上非常直观。它允许将源图像添加到预训练的扩散模型中,并使用该基础图像作为灵感。怎么做到的呢?通过以各种方式反复添加和消除噪声,直到最终结果符合你的首选标准。SDEdit 在其前身(基于 GAN 的方法)的基础上改进了 98% 的真实感和 91% 的人类满意度。

接下来继续探讨如何使用这种增强的图像到图像技术,同时提示扩散模型!

13.4.1 放大

如前所述,放大是提高图像分辨率的一种简捷的方法。提示模型时,可将低分辨率图像与其他参数一起增强以提高质量。 SageMaker JumpStart(5)为你提供了一个内置选项,你还可以直接通过 Hugging Face 获得完整的放大管道。除了源图像,这可能需要另一个文本性提示(6)。

13.4.2 掩膜

提示扩散模型时会用到的另一个有趣技术是"掩膜"。掩膜只是覆盖照片中给定区域的一组像素:山脉、汽车、人类、狗和图像中存在的任何其他类型的对象。如何找到像素图?老实说,最近的一个简单方法可能是从 Meta 全新的 Segment Anything Model(SAM)开始(7)。你可以上传一张图,并要求模型为该图中的任何内容生成像素图。

一旦有了掩膜,就可把它发送到一个 Stable Diffusion 图像中,在掩膜内生成一个新图像。这方面的经典例子是改变人们的着装风格。可使用 SAM 或开源 CV 工具提取衣服所在的照片区域,渲染掩膜,然后将掩膜发送到 Stable Diffusion。Stable Diffusion 会生成一个新图像,将原始图像与新生成的面料相结合,以填充掩膜区域。

我在 GitHub 上找到了一个与此相关的简单端到端示例(8)!

13.4.3 使用 DreamBooth 提示目标到图像

与前几节所提及的方法不同,DreamBooth(9)没有使用底层的 SDEdit 方法。相反,使用少许的输入图像,并运行一种微调过程,结合文字性指导,将所有输入图像中的源对象置于模型生成的目标场景中。该技术用到两个损失函数,一个用于保存预训练模型学习的先前的类,另一个用于将新目标重建到最终图像中。

可以说,这不是一种提示技巧,更接近于一种微调技术。我把它放在此处讲解,是因为它的目的更接近于掩膜,而不是创建一个全新的模型,但这实际上就是结果。让我们来仔细看看 DreamBooth 的损失函数,如图 13.3 所示。

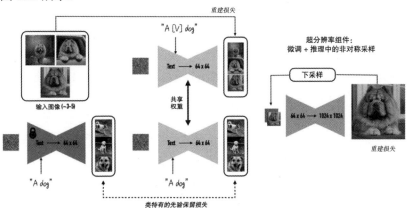

图 13.3　DreamBooth 先验保留损失函数

DreamBooth 是一个很棒的开源解决方案，可以用于获取任何你喜欢的目标，并将其放置在你选择的任何背景上！接下来，继续了解一些可用来改进语言模型提示的技术。

13.5　提示大型语言模型

我是 Hugging Face 的超级粉和大力倡导者。我从那里学到了很多关于自然语言处理(natural language processing，NLP)的知识，因此如果我不把他们的书作为快速工程技巧和技术的好来源，那我就太失职了(10)。这些实操大多数都以"为模型选择正确的超参数"为中心展开，每种类型的模型都会产生略有不同的结果。

然而，我认为，目前 ChatGPT 的兴起几乎完全忽略了这一点。在当今世界，OpenAI 模型极其准确的性能提升了所有 NLP 开发人员的标准，迫使我们提交可供对比的结果。不管是好是坏，都没有回头路可走。下面让我们试着了解如何提示 LLM(大型语言模型)！从指令微调开始。

13.5.1　指令微调

首先，真正理解一个经过指令微调的模型和一个没有经过指令微调的模型之间的区别是很有帮助的。正如在第 10 章中所了解到的，指令微调是指一个有监督的微调步骤，该步骤使用提供给模型的诸如 tell me the difference between a mimosa and a samosa(告诉我含羞草和萨摩沙之间的区别)的指令，并将其与诸如 while a mimosa is an alcoholic drink combining champagne with orange juice, a samosa is an Indian pastry filled with either vegetables or meat, and commonly with a potato filling(含羞草是一种将香槟和橙汁混合在一起的酒精饮料，而萨摩萨是一种印度糕点，里面塞满了蔬菜或肉，通常还有土豆馅)的答案配对。然后，该模型将明确地学习谨遵指令的含义。

这对提示 LLM 很重要，因为它将完全改变你的提示风格。如果你使用的 LLM 已经进行了指令优化，就可以直接进入零样本性能，并立即让它无缝地执行任务。如果没有，则可能需要在提示中添加一些例子，即少样本学习，以鼓励它以你希望的方式做出反应。

一旦解决了这个关键差异，花点时间尝试一下你选择的模型也会很有帮助。它们存在细微差别；其中一些搜索不同的词元和分隔符，而另一些则对关键字和短语反应良好。你应该了解并测试你的 LLM，提示工程是一个很好的方法。另一种学习方式则是思维链提示。

13.5.2 思维链提示

即使使用的模型(如之前讨论过的接收指令微调的模型)在零样本情况下表现良好，仍然可能会遇到需要在提示中添加一些示例以获得所需输出的用例。这方面的一个很好的例子就是思维链提示。思维链提示是指提示模型演示它是如何得出答案的。这在可解释性至关重要的情况下非常有价值，例如解释 LLM 为什么要进行风格更新或分类决策。例如，假设你在法律场景中使用 LLM，并且希望 LLM 更新法律文档中的语言。当你按照以下方式提示它而非简单地提供答案时，模型可以逐步解释它是如何得出给定结论的。这种逻辑的清晰性有助于大多数用户对系统建立更多信任，帮助他们理解和信任模型提出的建议。

许多情况下，这也有助于提高准确性！因为大多数 LLM 本质上是自回归的；它们非常善于预测给定字符串中最可能出现的单词。当提示它们入驻思维链时，就是在推动它们持续地思考，更接近真相。这个过程如图 13.4 所示。此图摘自源论文(11)。

如左图所示，我们仍在进行少样本学习，但提示中提供的答案很简单。它只回答了问题就结束了。然而，如右图所示，我们通过提供一个重新表述问题的答案来提示模型。之后，答案会从重新生成问题中提供的信息的快速摘要开始，然后只需要一个逻辑跳跃就可以输出正确的答案。左边的模型未能正确回答，而右边的模型回答正确。实际上，模型是相同的，唯一的不同在于提示。

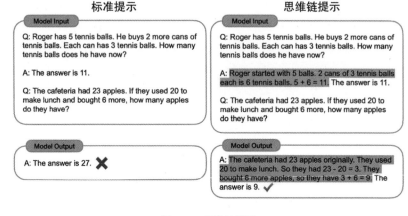

图 13.4 思维链提示

对于一个经过指令微调的模型，还可以通过一句话来触发其思维链性能，例如"请一步一步地告诉我如何做"。

13.5.3 摘要

这可能是我目前看到的最常见 LLM 场景：总结通话记录、文档等。如今，使用顶级 LLM 进行总结非常容易。只需要根据模型的上下文长度，将尽可能多的文档粘贴到 LLM 中，并在提示的底部添加摘要。有些模型会有所不同；你也可以在摘要中添加 TL; DR 或类似的变体。

它们都能完美地工作吗？不可能。它们肯定能理解所有内容吗？绝对不能。它们偶尔会产生幻觉吗？毫无疑问。我们如何缓解这种情况？微调、广泛验证、实体识别和审核。

13.5.4 防止提示注入和越狱

提示模型时要考虑的一个技巧是其对越狱有多敏感。正如我们在第 11 章中了解到的，越狱指的是恶意用户促使模型从事恶意行为。这可能是让模型讲一个关于某些特定人群的粗鲁笑话，向它征求关于盗窃的操作指南，或者询问它对某些政客或社会群体的看法。注意，在每个 LLM 应用程序中,总有一些用户会试图越狱模型,看看自己是否能愚弄它使它表现不佳。同时要考虑的另一种方法是提示注入(prompt injection),用户可以恶意欺骗模型,使其使用数据集、提示集或指令列表中的其他任何内容中的 IP 进行响应。

　　该如何防御呢?一种方法是有监督的微调。Anthropic 维护了一个由红队数据组成的大型数据集,可在 Hugging Face 上获得(12)。这个数据集中使用的单词非常生动,可能会激起一些读者的兴趣。就我个人而言,让我研究这个数据集的哪怕几行都很困难。而作为一种有监督的微调技术(甚至如 Anthropic 所建议的,作为一种带有人类反馈技术的强化学习),你可以微调模型,以拒绝任何看起来恶意或有害的东西。

　　此外,还可将分类器添加到应用程序的 ingest(注入)中。这意味着,当应用程序接受用户的新问题时,可以很容易地添加额外的机器学习模型来检测这些问题中的任何恶意或奇怪行为,并绕过答案。这让你可以很好地控制应用程序的响应方式。

　　现在,已经了解了一些提示 LLM 的基本技术,接下来学习一些高级技术!

13.6　高级技术——前缀和提示微调

　　你可能想知道,难道没有一些更高级、更精巧的方法可以在不更新模型参数的情况下使用优化技术并找到正确的提示吗?答案是肯定的,有很多方法可以做到这一点。首先,让我们试着了解一下前缀微调(prefix tuning)。

13.6.1　前缀微调

　　这项技术是由斯坦福大学的两位研究人员在 2021 年专门为文本生成提出的。其核心思想是,与其为每个下游任务生成一个全新的模型,不如为每个任务本身创建一个称作前缀的简单向量,如图 13.5 所示。

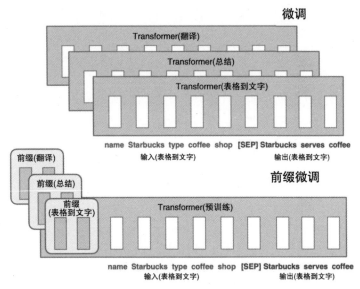

图 13.5　前缀微调

　　这里的核心思想是，与其为每个下游任务微调整个预训练的 Transformer，不如尝试为该任务只更新一个向量。然后，便不需要存储所有模型权重；可以直接存储那个向量！

　　可以说，这种技术与第 10 章中简要介绍的技术相似。这项技术将可训练的权重注入 LLM，让我们只学习新的参数，而非更新整个模型本身。我觉得前缀微调很有趣，因为我们根本没有真正触及模型架构；我们只是从一开始就学习这个基本对象。

　　可以说，这种技术与第 10 章中简要介绍的技术相似。

　　这项技术将可训练的权重注入 LLM，让我们只学习新参数，而不是更新整个模型本身。我觉得前缀微调很有趣，因为这根本没有真正触及模型架构；只是从一开始就学习这个基本对象。

　　如何开始前缀微调？使用 Hugging Face 上来自朋友们的新图书馆！他们正在构建一个开源库，以便在此处提供各种高效微调的参数：https://github.com/huggingface/peft。前缀微调当然是可用的。

　　幸运的是，来自无与伦比的 Phill Schmid 的一般 PEFT 例子在这里似乎很容易理解(14)。通过一些专门的数据预处理和自定义模型配置，你也可以将其添加到脚本中。

下面，来看一下提示微调。

13.6.2　提示微调

正如我们所看到的，找到正确的提示相当具有挑战性。通常，它们建立在人类自然语言中的离散单词上，可能需要相当多的手动迭代才能诱使模型提供预期的答案。谷歌 2021 年的 ACL 论文(15)中介绍了这一概念，同时提出了可以通过反向传播学习的"软提示"(soft prompt)。值得庆幸的是，这结合了来自任何数量的标签示例的信号，简化了之前提出的前缀微调方法。

通过提示微调，我们冻结了整个预训练模型，但允许每个下游任务向输入文本中添加额外的 k 个可调词元。然后，这些被视为软词元或由模型学习的信号，以识别每个下游任务。从图 13.6 中便可略见一斑。

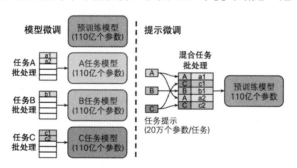

图 13.6　提示微调

与前缀微调类似，使用提示微调，我们仍然会冻结基础模型权重，还会持续将一些新的、可学习的项添加到混合了各种下游任务数据样本的输入数据集中。关键区别在于，我们学习的不是模型的完整块，而是新的机器可读词元。这意味着词元本身应该在梯度更新后发生变化，表明模型基本上认为这是该类型下游任务的触发因素。如果在你所处的场景中，高效微调的参数不是一个选项(例如对你来说，模型完全模糊)，那么前缀微调或提示微调可能是一个很好的选择。这两种技术都可在相关的 Hugging Face 的 peft 库中找到。

最后，用一个简短总结来结束本章。

13.7　本章小结

本章介绍了提示工程的概念。我将其定义为在不更新模型本身权重的情况下，尽可能维持模型的准确度提升。换句话说，这是以少搏多的技术。我们既讲解过少样本学习(将理想的推理结果的几个例子发送给模型)，也讲解了零样本学习(你希望在没有任何先验信息的情况下从模型中得到响应)。不用说，消费者更倾向于选择零样本学习。我们介绍过一些提示"文本到图像"模型的技巧，特别是如何从开源的 Stable Diffusion 中获得良好性能；也学习了图像到图像提示，在该提示中，你可以将图像传递到基于扩散的模型，以使用交集生成新图像；还学习了提示 LLM，包括指令微调、思维链提示、摘要以及防止提示注入和越狱的含义；最后介绍了一些高级技术，包括提示微调和前缀微调。

接下来，要学习的是第 14 章"视觉和语言 MLOps"！

第 *14* 章

视觉和语言 MLOps

本章介绍机器学习的操作和编排的核心概念，也称为 MLOps。这包括构建管道、持续集成和部署、通过环境进行推广等。我们将探索模型预测的监控和人机回环验证的选项，还将确定在 MLOps 管道中支持大型视觉和语言模型的独特方法。

本章内容
- 什么是 MLOps？
- 持续集成和持续部署
- 模型监控和人机回环
- 基础模型的 MLOps
- 用于 MLOps 的 AWS 产品

14.1 什么是 MLOps？

在本书中涵盖如此大量的内容，简直是不可思议。从预训练的绝对基础来看，我们已经完成了用例、数据集、模型、GPU 优化、分布式基础、优化、超参数、使用 SageMaker、微调、偏差检测和缓解、托管模型以及提示工程。现在来谈一谈把它们联系在一起的艺术和科学。

MLOps 代表机器学习操作。从广义上讲，它包括一整套技术、人员和流程，你的组织可以采用这些技术和流程来简化机器学习工作流。最后这几章中讲解了如何构建 RESTful API 来托管模型，以及改进提示工程的技巧。在这里，我们将重点构建一个部署工作流，将此模型集成到你的应用程序中。

就我个人而言，我觉得 MLOps 的"管道"方面最难。管道是一组用于编排机器学习工作流的步骤，如图 14.1 所示。包括从自动重新训练模型、超参数微调、验证、监控、应用程序测试和集成，升级到更安全的环境、漂移和偏差检测，以及对抗性强化等所有方面。

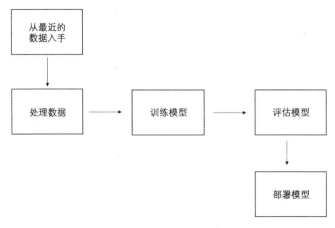

图 14.1 机器学习操作的管道

管道是可使用任意数量的软件选项构建的工具。如果使用的是 SageMaker 本机工具，且尚未编排堆栈，就可从 SageMaker 管道开始。或者，如果已经在使用编排堆栈，如 AirFlow、KubeFlow、Ray、MLFlow 或 StepFunctions，则可以继续使用这些堆栈，并简单地指向机器学习工作流的 SageMaker API。

管道的核心组成部分是步骤(step)。步骤可能是数据预处理、模型训练、模型评估、人工审核、模型部署等。一个基本的管道将流经你定义的多个步骤。管道通常从触发器开始——触发器是向管道传递通知系统的某类事件。你的触发器可能是上传到 S3、提交到仓库、一天中的某个时间、数据集的更新或客户事件。通常，可以看到一个触发器启动整个管道，每个步骤都在前一个步骤完成后启动。

让我们继续讨论常见的 MLOps 管道。

通用 MLOps 管道

下面来了解一下机器学习中几个最常见的管道。

- **模型部署管道**：在这里，核心任务是指向预训练模型工件(特别是推理脚本和模型本身)，并将它们放入选择的任何部署选项中。可以使用 SageMaker 实时端点进行产品推荐，也可以使用异步端点来托管大型语言模型。通过多容器端点，甚至通过多模型端点，可能会得到各种镜像。任意情况下的最基本的管道步骤可能如下所示。

  更新模型工件。

  创建新端点。

  测试端点。

  如果测试成功，就将生产流量设置为端点；如果测试失败，则通知开发团队。

- **模型重新训练管道**：模型重新训练管道对于需要定期重新训练模型的用例非常有用。每次有新数据时，可能是每隔几小时的频率，也可能是像每个月的天数那样没有规律。简单的情况(如重新运行报告或笔记)可使用 SageMaker 于 2022 年 12 月推出的笔记作业功能，按计划运行笔记。然而，如果想根据更新的数据触发此重新训练，管道就非常有用了。又或者，如果模型或数据集很大，需要分布式训练，管道就是一个自然而然的选择。管道步骤可能如下所示。

  上传新数据。

  运行预处理。

  训练模型。

  微调模型。

  触发部署管线。

● **环境提示管道**：一些客户，特别是在高度监管的行业等安全敏感环境中，要求通过越来越安全的环境升级应用程序。在这里，"环境"一词意味着一个孤立的计算边界，通常是一个全新的 AWS 账户，或者更简单地说，是一个不同的区域。此管道的步骤可能如下所示。

从开发账户中的数据科学家那里触发管道。

将资源提升为测试账户。

测试端点。

如果端点通过，就将其提升为生产账户；如果端点失败，则通知数据科学家。

在生产账户中，创建端点。

将生产流量设置为端点。

毫无疑问，你已经注意到，这些管道中的每一步都可以相互作用和影响。它们可以作为独特的步骤相互触发，与其他组件交互，并不断增加价值。它们的基本组件也是可互换的——可以很容易地用其他步骤代替一些步骤，定义所需的任何整体系统。

其中一个基本概念是微服务。可将这些管道中的每一个都视为一个微服务，从一些输入开始并提供输出。为了使团队之间的价值最大化，可为每个步骤或整个管道构建和维护一组基本模板，以使未来的团队更容易使用这些模板。

正如在前面的第 12 章中所学到的，有很多技术可用来改进部署模型。其中包括量化和压缩、偏差检测和对抗性强化(1)。我更可能看到鲜少在模型上执行的方法，例如当它最初从研发团队转移到部署团队时。对于定期的重新训练，我会避免使用大量的计算资源，假设模型中包含的大部分基本更新都在更新的版本中工作。

14.2　持续集成和持续部署

在机器学习中，可能观察到两个不同的堆栈。一方面，你拥有模型创建和部署过程。这包括模型工件、数据集、指标和目标部署选项。正如之前所讨论的，你可以创建一个管道来实现自动化。另一方面，你拥有实际的软件应用程序，想在其中公开模型。这可能是一个视觉搜索移动应用程序、一个问答聊天、一个图像生成服务、一个价格预测仪表板，或者任何其他使用数据和自动决策来改进的过程。

许多软件堆栈都使用自己的持续集成和持续部署(CI/CD)管道来无缝连接应用程序的所有部分，如图 14.2 所示。这可能包括集成测试、单元测试、安全扫描和机器学习测试。集成是指将应用程序组装在一起，而**部署**则是指采取步骤将应用程序转移到生产环境中。

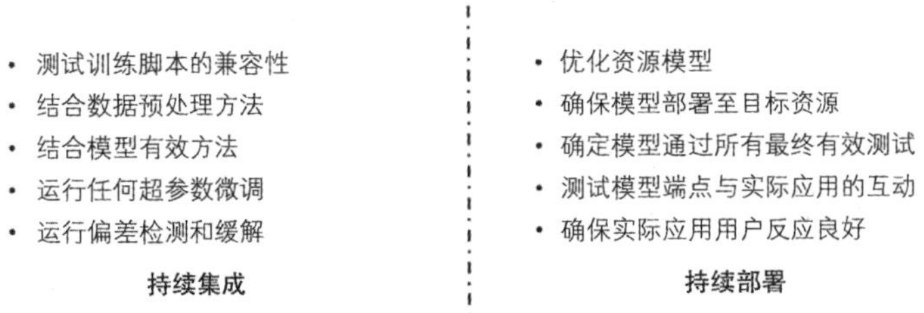

- 测试训练脚本的兼容性
- 结合数据预处理方法
- 结合模型有效方法
- 运行任何超参数微调
- 运行偏差检测和缓解

持续集成

- 优化资源模型
- 确保模型部署至目标资源
- 确定模型通过所有最终有效测试
- 测试模型端点与实际应用的互动
- 确保实际应用用户反应良好

持续部署

图 14.2　机器学习的 CI/CD 选项

我们之前看到的许多管道都可被视为 CD 管道，尤其是当它们涉及在生产中更新服务时。持续集成管道可能包括指向应用程序、测试各种响应以及确保模型做出适当响应的步骤。下面来仔细地查看。

我想在这里传达的是，对于如何设置管道，你有很多选择。对于某个大型基础模型，例如你自己的预训练 LLM 或文本-视觉模型，你可能需要有一些非常强大的仓库，每个团队都会针对不同的智力游戏开发一些这样的仓库。集成这些，使用它们的切片来相互支持，并通过强大的单元测试尽可能自动化，以确保全面的最高性能符合你的最大利益。除了模型开发，你可能还要有一个部署管道，用于检查所有的箱，以为模型的实时流量和与客户端应用程序的成功通信做好准备。

到此，已经介绍了一般操作中的几个基本主题，接下来将更深入地探讨与机器学习特别相关的两个关键方面——模型监控和人机回环。

14.3　模型监控和人机回环

第 11 章探讨了关于大型视觉和语言模型的偏差检测、缓解和监测的主题。这主要是在评估模型的背景下进行的。现在，我们已经进入了关于部署模型的部分，并将重点放在操作上，接下来将更深入地了解模型监控。

一旦将模型部署到任何应用程序中，就可以查看该模型随时间推移的性能，这一点非常有用。我们前面讨论过的任何用例都是这种情况——聊天、常规搜索、预测、图像生成、推荐、分类、问答等。所有这些应用程序都受益于能够查看你的模型随时间变化的趋势并提供相关警报。

想象一下，你有一个价格预测模型，能根据经济条件为给定产品提供价格建议。你在特定的经济条件下(也许是在一月份)训练模型，然后在二月份部署模型。在部署时，该模型会继续考虑相同的条件，并辅助你为项目定价。然而，你可能没有意识到，三月份整个市场状况已经发生了改变。世界变化如此之快，以至于整个行业都可能发生了逆转。你的模型在诞生伊始便认为一切看起来都和训练时一模一样。除非重新校准模型，否则它不可能意识到情况有所不同。

但是又如何知晓何时该重新校准模型呢？通过模型监控器！使用包含我们完全管理的模型监控器功能的 Amazon SageMaker，就可以轻松运行测试，并了解训练数据的汇总统计信息了。之后，还可以安排作业，将这些摘要与到达端点的数据进行比较。这意味着，当新数据与模型交互时，可以将所有这些请求存储在 S3 中。存储请求后，可以使用模型监控器服务来安排将这些推理请求与训练数据进行比较的作业。这很有用，因为你可以用它向自己发送关于模型在推理中的趋势的警报，尤其是当你需要触发重新训练工作时。模型监控器的相同基本概念也应当适用于视觉和语言；唯一的问题是如何生成汇总统计数据。

现在，模型监控器又如何与人机回环产生关系呢？这是因为你还可以使用托管模型中的触发器来触发人工审查。如图 14.3 所示，你可以引入一些软件检查，以确认模型输出的内容大多符合预期。如果大多数不符合预期，则可以触发人工审查。这将用到 SageMaker 上的另一个选项，增强人工智能(A2I)，该选项反过来又依赖于 SageMaker Ground Truth。换言之，如果模型没有如你所期望的那样运行，就可以将预测请求和响应发送给团队进行人工审查。这将有助于你的团队在整体解决方案中建立更多的信任，更不用说为模型的下一次迭代改进你的数据集了!具体情况如图 14.3 所示。

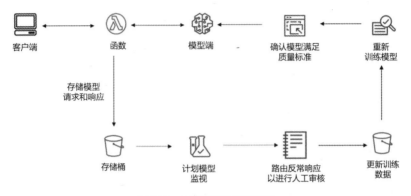

图 14.3　人机回环的模型监控

图 14.3 中有各种组件或微服务，你可以将它们组合起来，提供一个完整的管道，其中包括模型监控和人员参与。首先，客户端应用程序可以与 Lambda 函数交互，Lambda 函数反过来可调用 SageMaker 模型。你可通过自行在 Lambda 中编写模型请求和响应将其存储在 S3 存储桶中，也可通过设置 SageMaker 端点来执行此操作。一旦在 S3 中存储了记录，就可以运行模型监控作业了。这可以使用 SageMaker 的一个功能，即模型监控器，来了解训练数据和推理数据之间的统计差异，并在这些数据超出大范围时发送警报。或者，也可编写自己的比较脚本，并在 SageMaker 训练或处理作业中自行运行这些作业。

对模型的总体响应有了一些了解后，接下来的最好的办法就是尽可能多地融入人类的反馈。在生成领域中，内容的准确性、风格和基调是大多数组织的首选标准，因此这一点也显得越发正确。为此，一个很好的选择便是 SageMaker Ground Truth!正如我们在第 2 章中学到的与准备数据相关的内容，这是一种全托管服务，你可以使用它来增加标签的数据集，并实时响应。

这里类似的方法是使用多个模型来确认预测结果。假设你要飞速地处理文档，并希望准确地从中提取内容。你的客户将 PDF 上传到你的网站，你便使用 ML 模型对其进行解析，并且想要确认或拒绝给定字段的内容。提高利益相关者对系统准确性的信心的一种方法就是使用多个模型。你可以使用自己的模型，可以使用 SageMaker 中托管的自定义深度学习模型，也可以指向一个全托管的 AWS 服务，如 Textract，它可以从视觉形式中提取数字自然语言。然后，你可以使用 Lambda 函数来查看两个模型在响应上是否一致。如果一致，便可以直接回复客户！如果不一致，则可以发送人工审查请求。

还有无数其他方法可以用来监控模型，包括将这些模型与人集成的方法！不过这里不再展开讲解，接下来继续讨论视觉和语言的 MLOps 组件。

14.4 基础模型的 MLOps

现在，你已经对 MLOps 有了很好的了解，包括关于如何使用人机回环模型监控的一些想法，下面从 MLOps 的角度来具体研究视觉和语言模型的哪些方面值得我们关注。

这个问题的答案并不明显，因为从某个角度看，视觉和语言只是机器学习和人工智能的略微不同的方面。一旦你配置了正确的包、镜像、数据集、访问、治理和安全性，剩下的就应该顺其自然了。然而，达到这一点是一场相当艰苦的战斗！

为大型语言模型构建管道是一项艰巨的任务。你可以看到整个模型开发生命周期。正如在这本书中所了解到的，这是一个较大的发展范围。从数据集、模型和脚本准备到训练和评估循环，以及性能和超参数优化，有无数的技术需要跟踪才能生成基础模型。

一旦有了基础模型，为开发做准备就另当别论了。也正如之前所讨论的，对抗性强化包括多种技术，可以使用这些技术来提高目标域模型的性能。从第 10 章中了解到的微调和评估、第 11 章中了解到的偏差检测和减少以及第 12 章中了解到的部署技术都是最前沿的。对我来说，在一个完全专注于部署的不同管道中定位这些似乎很自然。具体情况如图 14.4 所示。

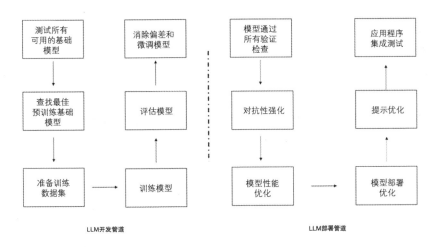

图 14.4　LLM 开发和部署管道

　　更为复杂的是，许多不同的步骤使用了类似的包和函数。这意味着，要实现这些步骤中的每一个，需要至少指向一个 git 仓库和包。当你将这些解耦，使用不同的容器、资源和步骤来管理每一部分时，这有助于每个团队独立地处理它们。众所周知，在接下来的几年里，基础模型开发的步伐会更快，因此假设这里的每一步都意味着你需要定期暂停，捕捉最新的开源脚本或研究技术，开发和测试它们，并将它们重新集成到更大的管道中。

　　下面，继续讲解视觉的 MLOps。

14.5　视觉 MLOps

　　视觉基础模型与之前建议的语言模型相比如何？在某种程度上，它们相差不多。仍然要处理镜像、脚本、包、数据集和模型质量。你仍然想让模型保持最新，仍然想以最佳方式融入尽可能多的人类反馈。正如我们在书中看到的，到目前为止，模型和评估指标会有所不同，数据集会有很大的差异，任务也不完全相同。然而，许多基本的逻辑仍然存在。不过，有一句话需要提醒——语言上的微调与视觉上的微调完全不同。

关于视觉过拟合的警告和常识的呼吁

记住，视觉比语言对过拟合更敏感。为了理解这一点，先来思考一下这两种模态之间的根本区别。语言本质上是离散的；只用字母和单词来表示整个世界，默认情况下这些项是不连续的。可以说，语言的整个模态等于世界上所有语言的所有字典的总和，在某种程度上，字典本身只是人类不断说出、使用和发展的单词的近似值。这些词的排列，以及它们在人类生活经验的广度上的解释和意义，是无限的。

视觉与之完全不同。其模态本身是连续的；虽然像素本身肯定会开始和停止，但图片中对象之间的划分却有争议。我们使用指标来量化标签对象的质量和之间的差异，例如并集上的交集。对象是旋转的；它们在不同的光线和背景下似乎完全改变了。即使在动物和杯子、路标和衣服、家具和自然景观等完全不同的类型中，它们的图案也可能是相同的。虽然视觉和语言在进入模型的过程中都会分解为嵌入，但神经网络捕捉所提供内容的含义并将其外推到其他设置中的能力在语言上似乎与视觉上大不相同。语言微调在很多情况下效果很好，而视觉微调通常会导致乍一看表现不佳。

就个人而言，我发现另一种机器学习技术非常有趣，它似乎在本质上是这些组合模态的核心——常识推理。机器常识是指确保概念、对象和这些对象的定义特征之间的逻辑一致性。大多数人都擅长这一点，例如知道水是湿的，知道重物置于高空时会下落，知道火会产生热量等。

然而，计算机在这方面很糟糕。这几乎就像物理维度不存在一样；当然，生活规律对它们来说是完全不正常的。图像生成器不理解为什么食物必须进入口腔才能进食。图像分类器经常无法对斑马与家具进行正确分类。语言模型接受不了人类交流的节奏，偶尔会让操作员不知所措。对人类来说，很明显，杯子和动物都是物体，甚至偶尔会有一些共同的风格特征，但在现实世界中，它们则来自完全不同的领域。对计算机来说，好像这个物理维度并不存在。它们实际上只是在学习你提供的二维框架内存在的东西。这就是为什么首先要使用标签——通过将物质世界转换为像素来赋予模型一些意义。

去年，我非常高兴与 Yejin Choi(2)会面并进行了简短的交谈。她在世界上最重要的 NLP 会议之一的计算语言学家协会大会上发表了主题演讲，对未来 60 年的自然语言研究进行了引人入胜的假设预测。我完全被她对人文、哲学和深层科学发现的热情所震撼。她在一个极不受欢迎的时代开始探索机器常识，事实上，她开玩笑说，当时她非常不愿意这样做，因为每个人都认为不可能就这个话题发表文章。从那以后，她便很可能成为这一领域的世界领先专家，主要以语言和视觉为模态。与她交谈后，我一直对常识感到好奇，并想更深入地探索它。

我想知道人类的知识本身是否具有内在的关联性，并且是否可能是多模态。我们根据生活、感知、想象和理解的经验在脑海中构建概念。这些心智概念指导我们的言语和行动，在某些情况下是口头表达，而在其他情况下则是纯粹的身体表达。也许我们需要更深入的表述来指导模态的混合。也许语言可以帮助我们的视觉模型更快地适应新领域。

实际上，我之所以提出这个问题，是因为，如果你即将开始一项视觉微调练习，我希望你知道这并不容易，而且对你有用的语言可能不会像你想象的那样翻译得那么好。我之所以提出这个问题，也是因为我希望未来的研究人员拿出勇气，相信自己的直觉，挑战自己的假设。现在我们已经了解了一些关于基础模型的 MLOps 的知识，接下来继续看一些 AWS 插件，以帮助简化并帮助你更快地解决问题！

14.6 AWS 为 MLOps 提供的服务

令人高兴的是，AWS 提供了各种工具来帮助简化这一过程！一个很好的功能叫谱系追踪。SageMaker 可以自动为关键工件(包括跨账户)创建谱系(3)。这包括数据集工件、图像、算法规范、数据配置、训练作业组件、端点和检查点。与实验 SDK 集成在一起，可以通过编程来大规模地比较实验和结果。下面让我们直观地感受一下。从图 14.5 可看到这些是如何连接的。

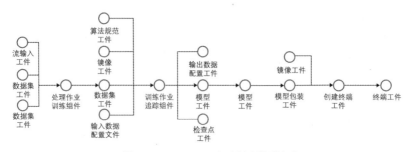

图 14.5　SageMaker 自动创建谱系追踪

正如图中所示,追踪谱系的第一步是在关键的 SageMaker 资源(如训练作业、镜像和处理作业)上运行。可以使用自动追踪的实体,也可以定义自己的实体。要生成图 14.5 所示的谱系视图,可以与**谱系查询语言**进行交互。如果你想直接跳转到随可视化解决方案一起提供的笔记,请参阅参考文献(4)。参考文献(5)更详细地解释了谱系追踪,参考文献(6)则定义了查询。使用 SageMaker Lineage,可以轻松追踪模型是如何训练的以及在哪里部署的。

可以使用 LineageFilter API 来查找与模型工件关联的不同对象,例如端点。还可以搜索与端点关联的试用组件,查找与模型关联的数据集,并在关联项目的图形中前后遍历。通过编程方式提供这些关系,可以更容易地获取所有必要的资源,并将它们放入管道和其他治理框架中。

确定资源后,如何将它们封装到管道中?正如本章前面提到的,许多基本的 AWS 和 SageMaker 资源都可作为离散的构建块使用。这包括模型、相关的模型工件、部署配置、相关的训练和处理作业、超参数微调以及容器。这意味着可使用 Python 的 AWS SDK、boto3 和 SageMaker Python SDK 以编程方式指向并执行所有资源和任务。将这些封装在管道中意味着可以使用你喜欢使用的任何工具堆栈来自动操作这些工具。这样做的一个选择是 SageMaker 管道!

SageMaker 管道简介

如果使用 SageMaker 本机资源,如作业、端点、模型工件和 Docker 镜像,那么通过 Pipelines SDK 构造(7)连接它们应该不会占用太多的额外资源。SageMaker 管道是一个托管功能，可用于在 AWS 上创建、运行和管理完整的机器学习工作流。一旦为 SageMaker 定义了基本的 Python SDK 对象，如训练作业、评估指标、超参数微调和端点，就可将这些对象中的每一个传递给管道 API 并将其创建为图形！让我们在图 14.6 中更详细地进行探讨。

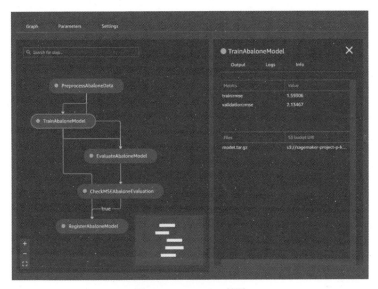

图 14.6　SageMaker 管道

GitHub(8)上有一个资源可用来编排笔记，创建与图 14.6 相似的图形。其核心思想是分别构建管道的每个部分，如数据处理、训练和评估步骤，然后将其中的每个步骤传递给 SageMaker 管道 API 以创建连接图。

正如在图 14.6 中所看到的，这是在 SageMaker Studio 中可视化呈现的！这使得数据科学家更容易开发、审查、管理和执行这些管道。Studio 还为 MLOps 提供了一些其他相关功能，如功能存储、模型注册表、端点管理、模型监控和推理推荐器。若想更深入地了解这些主题，可以查看一份来自 AWS 良好架构的机器学习框架的完整白皮书(9)。

到此已经了解了 MLOps 的 AWS 产品，接下来以完整的回顾结束本章。

14.7 本章小结

本章着重介绍了视觉和语言背景下的 MLOps 核心概念，讨论了机器学习操作(包括使其发挥作用的一些技术、人员和流程)，详细讲解了管道方面的知识，分析了有助于构建管道的技术，如 SageMaker 管道和 Apache Airflow。此外，还研究了与机器学习相关的几种不同类型的管道(如模型部署、模型重新训练和环境推广)；讨论了核心运营概念(如 CI 和 CD)，分析了模型监控和人机回环设计模式；讲解了 MLOps 中视觉和语言的一些特定技术，例如大型语言模型的通用开发和部署管道；研究了语言中使用的核心方法在视觉上是如何注定不那么可靠的，这一切皆源于模态和当前学习系统运行方式的核心差异；并通过讨论常识推理，沿着哲学路线进行快速导览，然后通过讲述 MLOps 的关键 AWS 插件(如 SageMaker Lineage 和管道)来结束本章的内容。

第*15*章

预训练基础模型的未来趋势

本章将通过指出前述所有相关主题的趋势来结束本书。我们将探索基础模型应用程序开发的趋势，如使用 LangChain 构建交互式对话应用程序，以及检索增强生成等技术(用于减少 LLM 幻觉)；探索如何使用生成式模型来处理分类任务、人性化设计以及其他生成式模式，如代码、音乐、产品文档、PPT 等；讨论 SageMaker JumpStart 基础模型、Amazon Bedrock、Amazon Titan 和 Amazon Code Whisperer 等 AWS 产品，以及未来基础模型和预训练的最新趋势。

本章内容
- 构建 LLM 应用程序的技术
- 视觉和语言之外的生成式模式
- 基础模型中的 AWS 产品
- 基础模型的未来
- 预训练的未来

15.1 构建 LLM 应用程序的技术

到此已经了解了基础模型，尤其是大型语言模型，那么接下来不妨讨论一下使用它们构建应用程序的几个关键方法。2022 年 12 月 ChatGPT 推出时，客户显然十分喜欢 ChatGPT 的聊天是如此博闻多识——轻松拿捏对话中的每一环节，持续先前的话题，展开跌宕起伏的对话。换言之，除了一般的问与答，客户显然更喜欢链式聊天。图 15.1 就是一个例子。

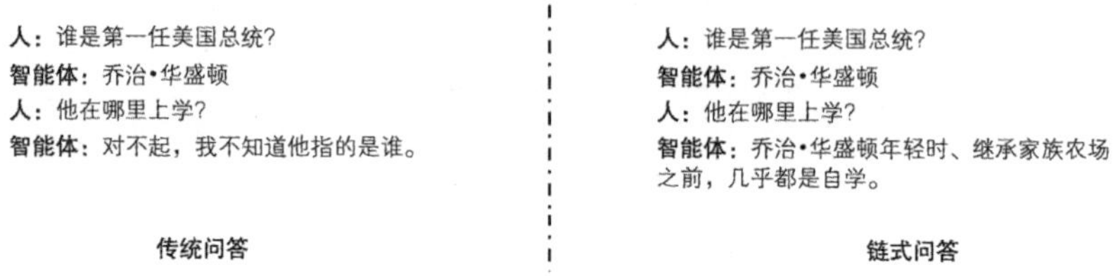

人：谁是第一任美国总统？	人：谁是第一任美国总统？
智能体：乔治·华盛顿	智能体：乔治·华盛顿
人：他在哪里上学？	人：他在哪里上学？
智能体：对不起，我不知道他指的是谁。	智能体：乔治·华盛顿年轻时、继承家族农场之前，几乎都是自学。
传统问答	链式问答

图 15.1　聊天应用程序的链式提问

图 15.1 左侧和右侧问答的关键区别在于，左侧的答案不连贯。这意味着模型在提供答案之前，仅将每个问题视为一个单独的个体。然而，右侧的答案是连贯的。这意味着整个对话都提供给模型，且最新的问题置于底部。这有助于确保响应的连贯性，使模型更有能力维护语境。

那么如何自己设置呢？想象一下，只需要从 HTML 页面中读取，将所有调用和响应数据打包到提示中，然后抽取响应并将其返回给最终用户，一切如此简单。如果你不想亲自构建它，也可以使用一些很棒的开源选项！

15.1.1　使用开源堆栈构建交互式对话应用程序

如果你以前没有接触过 LangChain，那么请允许我先进行一个简略的介绍。GitHub 上免费提供了 LangChain，下载网址为 https://github.com/hwchase17/langchain。LangChain 是一个由 Harrison Chase 和其他 600 多个贡献者共同构建的开源工具包。它提供了类似于著名的 ChatGPT 的功能，指向 OpenAI 的 API 或任何其他基础模型，但能让你像开发人员和数据科学家那样创建个性化前端和客户体验。

将应用程序与模型解耦实属明智之举；仅在短短几个月里，世界上就有数百个全新的大型语言模型上线，世界各地的团队都在积极开发更多的模型。只要应用程序通过单个 API 调用与模型交互，便可以享受许可、定价和功能不断升级的红利，轻松地从一个模型移到下一个模型。这简直就是如虎添翼！

　　另一个有趣的开源技术是 Haystack(26)。由德国初创公司 Deepset 开发的 Haystack 是一个有用的工具，可以在大海捞针。具体来说，它们就像一个界面，让你将自己的 LLM 带入广泛的问答场景。这是他们最初的专业领域，从那时起已经扩展了很多！

　　我们在 AWS 上有一个开源模板，用于在 AWS 上使用 LangChain 构建应用程序。可以访问 GitHub 页面(https://github.com/3coins/langchain-aws-template)下载。该架构大致如图 15.2 所示。

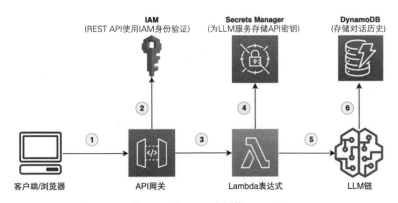

图 15.2　在 AWS 上托管 LangChain

　　虽然这可以指向任何前端，但我们还是提供了一个可用于启动应用程序的示例模板。你也可轻松地指向任何自定义模型，无论是在 SageMaker 端点上还是在新的 AWS 服务 Bedrock 上！稍后将对此进行更多介绍。正如你在图 15.2 中所看到的，在这个模板中，可在任何与云交互的地方轻松地运行 UI。完整步骤如下：

　　(1) UI 访问 API 网关。

　　(2) 通过 IAM 检索凭证。

　　(3) 通过 Lambda 调用服务。

　　(4) 通过 Secrets Manager 检索模型凭证。

　　(5) 通过对无服务器模型 SDK 的 API 调用来调用你的模型，或者调用你在 SageMaker 端点上训练的自定义模型。

　　(6) 在 DynamoDB 中查找相关的对话历史记录，以确保你的回答准确。

该聊天界面是如何确保聊天不胡乱回答的呢？又是如何指向存储在数据库中的某组数据的呢？答案是通过**检索增强生成(retrieval augmented generation，RAG)**，详见下文。

15.1.2 使用 RAG 确保 LLM 应用程序的高准确性

如 2020(1)原始论文中所述，RAG 是检索与给定查询相关的文档的一种方式。想象一下，你的聊天应用程序在回答一个关于数据库中某个特定项目(例如你的某个产品)的问题。与其让模型来生成答案，不如从数据库中检索适合的文档，并简单地使用 LLM 对响应进行样式化。这正是 RAG 如此强大的地方；你可使用它来确保生成的答案保持较高的准确性，同时保持客户体验在风格和语气上的一致性。见图 15.3。

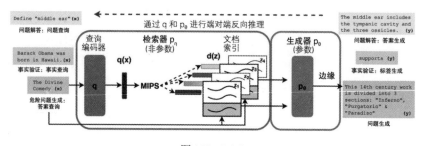

图 15.3 RAG

首先，一个问题从左侧传入。你可以在左上角看到一个简单的问题，即 Define "middle ear"。其已经被用于"生成查询嵌入的语言模型"的查询编码器处理过。然后，该嵌入会应用于数据库的索引，这里使用了许多候选算法：K 近邻、最大内积搜索(MIPS)等。一旦检索到一组类似的文档，就可将最好的文档输入生成器，即右侧的最终模型。这将获取输入文档并返回该问题的简洁答案。这里，答案是 The middle ear includes the tympanic cavity and the three ossicles。

然而，有趣的是，这里的 LLM 并没有真正定义中耳是什么。它实际上是在回答一个问题：what objects are contained within the middle ear?(中耳内包含什么物体？)。按理说，任何对中耳的定义都应包括它的用途，如充当耳道和内耳之间的缓冲区，帮助人们保持平衡及听到声音。因此，这才是具有人类反馈(或 RLHF)优化效果的专家强化学习的一个很好的候选者。

如图 15.3 所示，整个 RAG 系统是可调的。这意味着你可以也应该微调架构的编码器和解码器方面，以根据数据集和查询类型来微调模型性能。我们将看到，对文档进行分类的另一种方法是生成！

15.1.3　生成是新的分类吗?

正如在第 13 章中所学到的，有很多方法可以推动语言模型输出你想要的响应类型。其中一种方法实际上是让它对文本中看到的内容进行分类！下面用一个简单的图来说明这个概念，如图 15.4 所示:

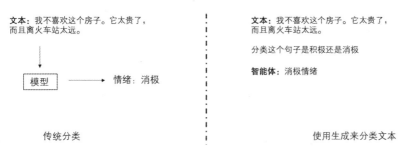

图 15.4　使用生成代替分类

如图所示，传统的分类需要提前训练模型以执行一项任务: 分类(classification)。这个模型可能在分类方面做得很好，但它根本无法处理新任务。基础模型(尤其是大型语言模型)克服了这个缺点，它们非常灵活，可以处理许多不同的任务，而无须重新训练。

图 15.4 右侧使用了相同的文本作为起点，但没有将其传递到基于编码器的文本模型中，只将其传递给基于解码器的模型，并简单地添加指令 classify this sentence into positive or negative sentiment(分类这个句子是积极还是消极)。你可以随便说，tell me more about how this customer really feels(告诉我更多关于这个客户的真实感受),或者 how optimistic is this home buyer?(这个购房者有多乐观？)或者 help this homebuyer find a different house that meets their needs(帮助这个购房者找到一套不同的房子来满足其需求)。可以说，这三条指示中的每一条都略有不同，从纯粹的分类转向更通用的应用程序开发或客户体验。期待随着时间的推移能看到更多这样的内容！

15.1.4 用 LLM 构建应用的人性化设计

之前在第 2 章、第 10 章、第 11 章以及第 14 章中都曾谈到这个主题。让我再说一遍；我相信，人类标签将成为公司能够提供的竞争优势。为什么？目前，构建 LLM 竞争已趋于白热化；开源和专有双方在积极争夺业务。开源选项来自 Hugging Face 和 Stability 等，而专有的插件来自 AI21、Anthropic 和 OpenAI。这些备选方案之间的差异有些模糊；你可从斯坦福大学的 HELM(2)中查找排行榜中靠前的最新模型，这些都属于人性化 AI 方案。有了足够的微调和定制，通常就能满足性能要求。

如果不是基础模型，那么又是什么决定了最佳 LLM 应用程序呢？显然，端到端的客户体验至关重要，而且这是永恒的真理。随着时间的推移，消费者的偏好会发生变化，但通用技术仍有一些原则：速度、简捷性、灵活性和低成本。通过基础模型，我们可以清楚地看到，客户更喜欢可解释性和他们可以信任的模型。这意味着应用程序设计者和开发人员应该努力解决这些长期的消费者偏好，选择最大限度地利用这些偏好的解决方案和系统。正如你可能已经猜到的那样，单单这一点就不是一个小任务。

除了设计和构建成功应用程序的核心技能，我们还能做些什么在 LLM 的美丽新世界中保持竞争力？我认为这相当于自定义数据。专注于使数据和数据集独一无二：在目的、广度、深度和完整性方面都做到独一无二。尽量使用最好的资源标签数据，并将其作为整个应用程序工作流的核心部分。这会让你不断地持续学习，或者让模型根据来自最终用户的反馈不断精进。

接下来，让我们来看看即将到来的生成式模式。

15.2 其他生成式模式

自 2022 年 ChatGPT 时刻以来,大多数技术界人士都为生成新颖内容的命题而着迷。基础模型性能卓越,再加上媒体的炒作,对生成式人工智能的狂热席卷了全球。

这是件好事吗?老实说,我很高兴终于看到了转变;至少从 2019 年起,我就一直在以某种方式使用 AI/ML 模型生成内容,作为一名作家和创意人士,我一直认为这是机器学习中最有趣的部分。David Foster 关于这个主题的书给我留下了深刻印象。他刚推出了一个更新版本,其中包括最新的基础模型和方法!让我们快速回顾一下当今生成式人工智能应用中常见的其他一些类型的模式。

> **视觉和语言之外的主要生成方式**
> 以下是我看到的最有趣的类型:
> - 生成代码
> - 生成音乐
> - 生成 PowerPoint 幻灯片、广告和视觉效果
> - 生成产品文档
> - 生成架构设计,然后构建应用程序
> - 生成电影、电视节目和娱乐节目
> - 生成网站、游戏和移动应用程序

生成代码对大多数人来说早已司空见惯。可以方便地微调 LLM,用你选择的语言“输出”代码;我曾用 SageMaker 示例 Notebook 在 2019 年完成项目(4)!代码很棒吗?绝对不是,但幸运的是,自那以后,LLM 已经取得了长足进步。许多现代代码生成模型都非常出色,由于 Hugging Face 和 ServiceNow 之间的合作,我们有了一个开源模型可供使用!这称为 StarCoder,可在 Hugging Face 上免费获得,网址如下:https://huggingface.co/bigcode/starcoder。

我喜欢使用开源 LLM 生成代码的一个原因在于可以自定义!这意味

着可指向自己的私有代码仓库、词元数据、更新模型，并立即训练此 LLM
按组织的风格生成代码！在组织级别，甚至可对开源 LLM 进行一些持续
的预训练，以便在自己的仓库中生成代码，从而加快所有开发人员的速度。
在 15.3 节中，当我们关注 AWS 产品，特别是 Amazon Code Whisperer 时，
将了解更多使用 LLM 更快速地编写自己代码的方法(27)。

正如我们看到通用机器学习从科学实验室进入大多数企业和项目的基
础一样，生成能力很可能也会以某种方式发挥作用。

这是否意味着工程师职业会消失？老实说，我对此深表怀疑。正如伟
大的搜索引擎的兴起非但没有让软件工程师这个职业消失，反而让很多人
觉得这个职业更有趣、更值得从事一样，我希望生成能力也能做到这一点。
搜索引擎擅长搜索许多可能性并快速找到好的选择，但了解消费者、产品
和设计的来龙去脉仍然取决于你。模型不擅长批判性思维，但它们善于提
出想法和发现缺点，至少在文字上是这样。

到此已经高屋建瓴地研究了其他生成式模式，接下来继续了解 AWS
为基础模型提供的产品！

15.3 基础模型中的 AWS 产品

正如你在整本书中看到的，AWS 上有数百种方法可以优化基础模型的
开发和操作。以下是 AWS 着重改善该领域客户体验的几种方式。

- **SageMaker JumpStart 基础模型中心**：在 re:Invent 2022 上预览发
  布，是一个指向在 SageMaker 环境中封装良好的基础模型的选项。
  包括开源模型(如 Hugging Face 的 BLOOM 和 Flan-T5)以及专有模
  型(如 AI21 Jurassic)，提供了所有基础模型的列表(5)。到目前为止，
  有近 20 个基础模型都可以在你自己的安全环境中托管。用于与
  Foundation Model Hub 上的模型交互或微调模型的任何数据都不会
  与提供程序共享。你还可以通过自己选择实例来优化成本。有几十
  个示例笔记指向这些模型，用于在这里(6)和其他地方提供的各种

用例中进行训练和托管。有关模型训练数据的更多信息，可以直接
在 playground(游乐场)上阅读。

- **Amazon Bedrock**：如果你在 2023 年初曾密切关注过 AWS 的新闻，
  就可能已经注意到我们为基础模型宣布的一项新服务：Amazon
  Bedrock！正如 Swami Sivasubramanian 在博客文章(7)中所讨论的，
  Bedrock 是一项服务，可以让你通过一个持续安全的无服务器接口
  与各种基础模型进行交互。换言之，Bedrock 为多种基础模型提供
  了一个切入点，让你获得所有最好的供应商。这包括人工智能初创
  企业，如 AI21、Anthropic 和 Stability。与 Bedrock 交互意味着调
  用无服务器体验，使你免于处理较低级别的基础设施。你也可以使
  用 Bedrock 对模型进行微调！

- **Amazon Titan**：Bedrock 提供的另一个模型是 Titan，这是一个新
  的大型语言模型，由亚马逊完全训练和管理！这意味着我们可以处
  理训练数据、优化、微调、消除偏差，以获得大型语言模型的结果。
  Titan 也可用于微调。

- **Amazon Code Whisperer**：正如你可能已经看到的，Code Whisperer
  是 2022 年发布的 AWS 服务，并于 2023 年全面推出。有趣的是，
  它似乎能与给定的开发环境紧密结合，利用并基于你正在编写的脚
  本的整个上下文生成推荐。你可以编写伪代码、markdown 或其他
  函数启动，并使用键盘快捷键调用模型。这将根据脚本的上下文向
  你发送各种选项，支持你最终选择最有意义的脚本！令人高兴的
  是，Jupyter Notebook 和 SageMaker Studio 现在都提供了支持；你
  可从 AWS 高级首席技术专家 Brain Granger(Project Jupyter 的联合
  创始人)那里了解更多关于这些举措的信息。以下是 Brian 关于该
  主题的博客文章：https://aws.amazon.com/blogs/machine-learning/
  announcingnew-jupyter-contributions-by-aws-to-democratize-generative-
  ai-andscale-ml-workloads/。专家提示：Code Whisperer 对个人免费！
  Swami 博客文章的忠实读者也会注意到我们最新的 ML 基础设施
  的更新，如第二版的推理芯片 inf2 和带宽更大的 trainium 实例
  trn1n。

我们还免费发布了代码生成服务 CodeWhisperer！既然已经了解了这个领域的一些 AWS 分支，不妨再接着设想一下基础模型的未来。

15.4　基础模型的未来

对我来说，基础模型的趋势有几个关键点似乎已经非常明显。

- 开源和专有模型提供商之间的激烈竞争将延续。如前所述，现在我们正处于一场完美风暴中，全球大多数科技行业都高度关注基础模型。这里的关键在于专有与开源的对比。正如泄露的谷歌文件声称的那样，开源世界的能力正在与日俱增，许多情况下，开源选项都比专有选项更好。实际上，用"同量级更优"(pound-for-pound more capable)来描述开源模型。这意味着就模型本身的大小而言，在每字节大小的比较中，开源世界生成的较小模型更好。

- 如果模型消费者对模型供应商秉持灵活开放的心态，便可以更低成本获得更多选择。对我来说，这场激烈竞争的结果显而易见；随着时间的推移，你将以更低价格获得越来越多的选择！这意味着，作为一个模型消费者，明确的正确选择是不固守单个模型，而应随着全新基础模型的推出，始终让自己和团队置于尽可能最佳的情景中，并随时保持灵活性，以开放的心态接纳新模型的出现。

- 模型越来越小，功能越来越强。这一点在很大程度上要归功于开源社区中来自 Stable Diffusion 的驱动热情，基础模型现在的尺寸在缩小，但准确性却在提高。这意味着今天可以使用 130 个参数的模型来完成几年前使用 1750 亿个参数的模型所做的 StableVicuna(28)。在设计应用程序时请谨记这一点！

- 让专有数据和人工反馈成为你的强项。为了最大限度地利用这场竞争，我建议你参考一下你的数据。只要你对最新、最棒的模型主干持开放态度，使用你自己的专有数据和人工反馈作为关键投资领域，你就可以做到与市场其他产品形成差异化。请确保你和团队尽可能多地使用独特的视角和专业知识，尽早、经常地标注数据。

- 安全性对于与基础模型交互至关重要。这一信号在整个市场上表现得如此明显，以至于消费者非常喜欢保护其数据安全且不允许与模型提供商共享环境，包括模型查询和微调资产。未来，你的数据将成为你的卖点。用你自己的基础模型保护这一点，保持模型不偏不倚，免受越狱攻击，并且不会滋生仇恨言论。似乎需要一个全新的安全措施组合来确保基础模型应用程序。
- 基础模型正在成为新的数据库，自然语言是新的编程语言。我预计在接下来的 12 个月里，大多数应用程序都会将基础模型作为一种新型数据库。现在，你可用神经网络处理记录，在单一人类无法竞争的范围内学习映射和关系，并用自然语言与人类互动，而不仅是将记录存储在磁盘上。优化、缩放、消除偏差、确保准确性以及降低成本将是未来几年的工作。

我还期待着更多的基础模型能跨模式、跨用户基础、跨语言、跨技术、跨目标和跨领域。随着训练和生产成本的下降，激烈的竞争可能会助推越来越多的入门级开发人员进入这个市场。谨记此，让我们在结束这本书时再思考一下预训练的未来。

15.5　预训练的未来

最后让我们来看一些持怀疑的态度，为最近的基础模型"淘金热"提供了谨慎和批判性的评估。最突出的例子之一是 Geoffrey Hinton 退出谷歌(29)，警示人工智能开发的危险，呼吁暂停所有基础模型研究 6 个月(30)。

我个人认为这次暂停并没有意识到最初是什么推动了炒作：人工智能经济学的无形之手。找到高薪的技术工作并不容易；获得并持有美国等国的签证并非易事。在一个顶尖"智力和自驱力"人才扎堆的行业中，伴随着翻天覆地的快节奏变化，发展职业生涯绝非易事。基础模型和所有技术进步的发展都源于人类需要证明自己，发展自己的事业，赡养家人。要求暂停大规模训练的实验，几乎等同于要求大批年轻人停止将所有的激情、技能和时间投入到自己职业发展的最佳选择中。显然，这违背了他们的最大利益！

然而，即使在那些支持继续研究基础模型的人的阵营中，也不是每个人都对预训练 Transformer 的持续价值持过于乐观的态度。第 1 章中曾提到的开发 MNIST 的科学家 Yann LeCun，就认为自监督学习是"智能的暗物质"(9)。自从席卷全球的 ChatGPT 时刻到来以来，LeCun 一直对大型语言和自回归模型的有界性能持批判性态度，这一切皆因它们的核心优势只是预测序列中下一个最可能的词元，而实际上并没有以任何可靠的方式理解世界。相反，LeCun 建议我们建立人工智能模型，学习包括开发行动计划的层次表示在内的推理方式。

LeCun 并不是唯一一个发出警告的人。华盛顿大学和艾伦人工智能研究所的麦克阿瑟研究员 Yejin Choi(10)最近在 TED 演讲中分享了她对"人工智能非常聪明——同时又愚蠢得令人震惊"的思考(11)。Choi 几十年来在常识推理方面的工作表明，虽然 NLP 模型可以很好地解决一些有限的任务，但是它们仍然在与极其基础的人类任务作斗争，例如理解现实与行动或者假设与计划之间的差异，简单的价值，以及周围世界的基本逻辑映射。

对我来说，这里的分歧是显而易见的。一方面，我们几十年来一直在努力寻找最好的、最令人印象深刻的智力艺术表现。另一方面，我们拥有庞大的商业、技术和学术行业，数百万人积极尝试构建应用程序并提供价值，这些价值是他们职业生涯和团队长青的基础。这种技术发展的经济会创造出最智能的机器吗？或许可以。它会构建为消费者提供价值的应用程序和业务吗？当然。这两个相关但不同的向量在未来几十年会继续重叠吗？毫无疑问。

在结束之前，请让我特别提及一些有趣的技术趋势，特别是预训练。

- **持续的预训练**：如果你的基础模型受益于最新的数据，并且这在不断的更新中是可用的，那么为什么不建立一个持续的摄入和训练循环，以保持你的应用程序的性能呢？这是(12)这篇 2022 年论文的核心建议。我想，一些应用程序会从这种源源不断的训练中受益，尤其是当高效微调的参数(31)使其成本更具吸引力时。

- **检索预训练**：随着生成式人工智能应用的扩展，对准确生成文本的需求将继续增加。DeepMind 提出的这种方法将检索过程(14)应用于预训练，并获得与 GPT-3 类似的性能，同时使用的参数减少了 25 倍，使其更高效，对训练和托管都很有吸引力。我希望在预训练期间检索词元的这一基本概念能够随着 RAG(15)的发展而产生 LLM，从而提供更高的准确性保证。

- **更普遍的预训练机制**：正如你可能知道的，许多媒体和开源的注意力似乎只集中在低级别任务中的模型和最先进的新性能上。我认为这是一个问题，因为错过了这些模型的来源和构建方式的基础：预训练本身。这表明，如果预训练能够变得更容易获得和更普遍，我们就可以从对模型的执着转向对更普遍的预训练的广泛支持。在这个方向上已有一些见地，例如 Data2Verc(16)，它提出了一个跨视觉、语音和语言的自监督学习的通用框架。另一种尝试是 UL2，统一语言学习范式。对此，谷歌大脑团队建议结合不同的预训练范式，然后在微调过程中切换到不同的范式。

- **更多的语言**。疫情后，我参加的第一次会议是 2022 年的计算语言学家协会(18)。他们专注于多语言，大力推动跨语言的能力，并将 NLP 能力扩展到全球濒危语言和社区，这让我感到非常惊讶。令人钦佩的是，联合国宣布 2022—2023 年为国际土著语言的 10 年，估计到 2100 年，今天至少 50%的口语将灭绝或严重濒危(32)。这仍将是基础模型中的一个重要主题，因为它是技术采用和创新的瓶颈。朝着这个方向迈出的一步是清华大学的 GLM-130B(19)，这是一个用中文和英文明确预训练的模型。另一个著名的双语模型是 Hugging Face 的 BLOOM(20)，它接受了 46 种自然语言和 13 种编程语言的训练。其他类似的项目则提供了单一非英语语言的功能，如 LightOn 的法语模型 PAGnol(21)、日语掩膜语言模型(22)、德语 LLM(23)等。甚至有人呼吁建立一个 BritGPT(24)，将生成能力带入英式演讲和交谈风格。

就此，让我们以最后结论的形式来结束这本书。

15.6　本章小结

多么美妙的旅程！非常感谢所有与我一起走到最后的人，感谢你们为研读我的文字和思想所投入的时间、创造力和精力。我希望至少有一些见解值得你花时间，而且错误也不会太明显。

本书介绍了预训练基础模型的整个过程，力图从视觉和语言角度查看关键用例和示例，并了解 AWS 上构建应用程序和项目的核心功能。我喜欢倾听观众的声音，因此请联系我并保持联系！我在 LinkedIn 上很活跃；你可以随时向我提问题或发表评论。我每周都会在 Generative AI 上举办一次 Twitch 节目，你可以随时来找我，并给出反馈或发表评论(25)。

当然，你也可以随时与 AWS 团队交谈，直接联系我！我喜欢与客户会面，思考架构选择，向我们的服务团队传达你的需求，并与你一起思考如何建设更美好的明天。让我知道你渴望创造什么！